航空测试技术

主　编　林　坤　韩飞燕

副主编　张建广　豆卫涛

　　　　吕晓冬　杨晓彤

主　审　冯　娟

北京理工大学出版社

BEIJING INSTITUTE OF TECHNOLOGY PRESS

内 容 简 介

本书系统介绍了航空测试技术的概念、术语、测试原理、测试方法、测试信号和测试系统以及任务与作用、体系与特点、内涵与发展等基本理论,重点讲述了航空温度测试、航空压力测试、航空速度测试、航空油量测试、航空振动测试、航空位置测试、航空动态参数测试和航空特种测试技术等内容。

本书结合高等职业教育的特点,注重内容的实用性和可读性,可作为高等院校、高职院校航空发动机装配调试技术、航空发动机维修技术、航空发动机制造技术等专业人员的学习用书,也可作为其他航空相关专业人员,以及从事航空测试相关技术人员的参考用书。

图书在版编目(CIP)数据

航空测试技术 / 林坤,韩飞燕主编. -- 北京:北京理工大学出版社,2023.3
ISBN 978-7-5763-2455-6

Ⅰ.①航⋯ Ⅱ.①林⋯ ②韩⋯ Ⅲ.①航空–测试技术 Ⅳ.①V21

中国国家版本馆 CIP 数据核字(2023)第 105915 号

责任编辑:赵 岩　　文案编辑:辛丽莉
责任校对:周瑞红　　责任印制:李志强

出版发行 / 北京理工大学出版社有限责任公司
社　　址 / 北京市丰台区四合庄路 6 号
邮　　编 / 100070
电　　话 / (010)68914026(教材售后服务热线)
　　　　　　(010)68944437(课件资源服务热线)
网　　址 / http://www.bitpress.com.cn

版 印 次 / 2023 年 3 月第 1 版第 1 次印刷
印　　刷 / 三河市天利华印刷装订有限公司
开　　本 / 787mm×1092mm　1/16
印　　张 / 19.25
字　　数 / 452 千字
定　　价 / 88.00 元

前　言

　　为全面贯彻党的二十大精神和党的教育方针，落实立德树人根本任务，深化教育领域综合改革，加强教材建设和管理，推动人才培养模式创新及信息化教学革新，本书的编写紧密对接航空制造以及维修领域高端化、数字化、智能化、绿色化发展的要求，适应当前经济社会对航空测试技术人才的需求，深化产教融合、校企合作，旨在培养一批德才兼备的掌握航空测试技术的高素质、技能型人才。

　　随着我国航空工业的发展，航空器的设计与研制已经趋向高速、高空、高温领域。新结构、新工艺、新材料的广泛采用，对航空测试技术提出了新的要求。《国家职业教育改革实施方案》中明确提出将"新技术、新工艺、新规范纳入教学标准和教学内容"，倡导使用新型活页式、项目驱动、工单式教材。基于此，本书遵循以学生为中心的教学理念，立足航空测试技术典型岗位，融入前沿测试技术与设备，开发以工作任务为导向的"活页+工单式"教材，旨在推动课程教学改革，提高课程教学资源的实用性，推进教育的数字化，服务学员的自主学习与终身学习，助力建设全民终身学习型社会、学习型大国。

　　本书所选取的任务均以飞机维修的真实任务为依据，采用"项目—任务—工单"的结构模式；遵循高等职业教育规律，大量使用飞机维修手册中的相关案例，结合航空测试技术相关知识，融实践与理论于一体，具有较强的实用性；既能够体现航空测试技术知识的先进性与前沿性，又能够满足企业岗位对高职学生的能力培养要求。

　　本书在编写过程中，中国航发动力股份有限公司和西安航空职业技术学院工程技术培训中心给予了大力支持和帮助；中国航发动力股份有限公司工程师杨晓彤同志提供了素材并给予了指导，为本书的编写提出了许多宝贵意见和建议；西安航空职业技术学院工程技术培训中心王学龙同志为本书提供了教学素材；西安航空职业技术学院三级教授冯娟同志对全书进行了审读，并提出了大量改进意见。在此对各位的辛苦付出一并表示衷心的感谢。

本书共分为九个项目：项目一为航空测试技术认知；项目二为航空温度测试；项目三为航空压力测试；项目四为航空速度测试；项目五为航空油量测试；项目六为航空振动测试；项目七为航空位置测试；项目八为航空动态参数测试；项目九为航空特种测试技术。

本书是一本新型活页式教材，是"双高"专业群建设的成果，是创新团队建设的成果，是校企合作的成果。本书获得西安航空职业技术学院规划教材建设基金的资助。

本书具体编写分工为：项目一中的任务一、任务二由西安航空职业技术学院张建广编写；项目一中的任务三、拓展阅读由西安航空职业技术学院豆卫涛编写；项目一对应的工单由中国航发动力股份有限公司杨晓彤编写；项目二、项目三、项目四及对应的工单由西安航空职业技术学院林坤编写；项目五、项目六、项目七、项目八及对应的工单由西安航空职业技术学院韩飞燕编写；项目九及对应工单由西安航空职业技术学院吕晓冬编写；西安航空职业技术学院三级教授冯娟同志担任主审；全书由林坤、韩飞燕负责统稿。

鉴于编者的知识水平和经验有限，书中难免存在错误、疏漏和不足之处，恳请各位读者谅解和指正，如有好的意见和建议请及时提供，以便再版时修订。

编　者

目　录

项目一　航空测试技术认知

项目描述

工业技术的发展促使了现代飞机结构的复杂化，为保证飞行过程的安全，对飞机的各项参数及时、有效、准确地检测和监测是非常必要的。根据工艺流程，维护与测试相关传感器是测试环节中非常重要的一部分，也是对航空从业者的一项基本职业能力要求。本项目既涵盖航空从业人员所熟知的测试技术专业术语、测试原理、测试方法、测试信号和测试系统等基本知识，又包括 ATA100 规范、AMM 手册、航空从业人员安全作风建设等规范的查询与使用说明。

学习目标

1. 知识目标

（1）掌握航空测试的相关专业术语；

（2）掌握航空测试的原理、方法、信号和系统；

（3）掌握航空测试技术的内涵。

2. 能力目标

（1）明确航空测试技术的任务与作用；

（2）明确航空测试技术的体系与特点；

（3）能够查询和使用相关配套资料。

3. 素质目标

（1）加强航空从业人员的安全作风建设；

（2）养成扎实严谨的航空测试工作作风；

（3）培养精益求精的工匠精神。

为大飞机装配百万颗小铆钉，
刻出中国制造新名片

学习导图

通过本项目中航空测试技术的任务与作用、体系与特点、内涵与发展等知识的学习，结合拓展阅读实现知识拓展，掌握航空测试技术的相关知识。

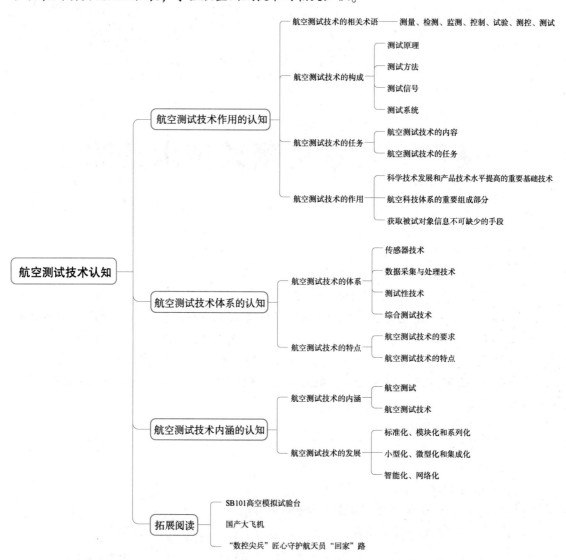

任务一 航空测试技术作用的认知

 学习目标

1. 知识目标

(1) 掌握航空测试的相关术语；

(2) 掌握航空测试的原理、方法、信号和系统；

(3) 熟悉拓展阅读相关理论知识。

2. 能力目标

(1) 明确航空测试技术的任务；

(2) 明确航空测试技术的作用；

(3) 查询与使用 ATA100 规范。

3. 素质目标

(1) 加强航空从业人员敬畏生命的安全作风建设；

(2) 养成苦练基本功的工作态度；

(3) 培养严谨科学的专业精神。

苦练基本功：火箭
"心脏"焊接人

任务导入

课前任务一：测量与测试有何区别？

_____

_____

_____

课前任务二：航空测试技术包括哪几个方面的内容？

_____

_____

_____

任务描述

小组成员对照任务清单，按要求进行 ATA100 规范的查询，熟悉 ATA100 规范中飞机各个系统的名称，熟悉 ATA100 规范的编写规则，并能正确填写工单中的任务。

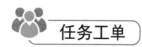

详见任务工单 1-1-1。

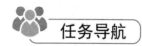

ATA100 规范　　ATA100 规范作用

一、航空测试技术相关的术语

与航空测试技术相关的名词和术语很多，如测量、检测、监测、控制、试验、测控、测试等，这些概念之间彼此有着密切的关系，但又有一定的差异，尤其是针对研究对象的不同，其定义也有一定的差别。

1. 测量（measurement）

测量是将被测量与具有计量单位的标准量在数值上进行比较，从而确定二者比值的实验认识过程。测量的内涵体现在被测对象与一个标准进行比对，从而对被测对象进行量化描述的过程，它与测量结果的预期用途、测量程序和特定测量条件下运行测量程序的校准测量系统相关。

2. 检测（detection）

检测是利用各种物理、化学效应，选择合适的方法与装置，将生产、科研、生活等方面有关信息通过检查与测量的方法得到定量结果的过程。

3. 监测（monitoring）

监测是利用人工或专用的仪器工具，在规定的位置对被测对象进行间断或连续的监视与检测，通过对与设备状态相关特征参数（如振动、噪声、温度等）进行测取，将测定值与规定的正常值（门限值）进行比较，以判断设备的工作状态是否正常，从而掌握设备异常的征兆和劣化程度。

4. 控制（control）

控制是为确保状态稳定和在需要改变状态时能够正确改变状态所采用的技术。

5. 试验（test）

试验是在真实或模拟的条件下，对被试对象（如材料、元件、设备和系统等）的特性、能力和适应性等进行测量和度量的研究过程。

6. 测控（measurement and control）

测控是测量与控制的结合，它以测量为手段，以控制为目的。

7. 测试（testing）

测试是对给定的产品、材料、设备、生物体、物理现象、过程或服务按规定的程序确定一种或多种特性的技术操作。测试是人们通过试验认识客观世界取得试验对象的定性或定量信息的一种基本方法。测试一般是指为满足试验要求所采取的测量活动，它以试验为需求，以测量为手段。

二、航空测试技术的构成

航空测试技术包括测试原理、测试方法、测试信号和测试系统。图1-1所示为太行发动机的地面高空试车台测试现场。

图1-1　太行发动机的地面高空试车台测试现场

航空测试技术概述

1. 测试原理

测试原理指进行测试所依据的原理。例如，监测材料塑性变形与裂纹的出现，可以利用材料的声发射原理。又如在绝对零度以上的物体都会发出热辐射，利用这个特性采用相应检测仪器及测试系统，可以测出物体表面的温度、材料的缺陷及物体的形状。

2. 测试方法

测试方法是根据测试原理所采用的测量方法。它可分为直接测量与间接测量、静态测量与动态测量等。检测信号的方法随着科学技术的发展不断发展，目前采用的方法有：光信号检测（分为可见光、红外、激光、X光等检测方法）；电信号检测（如采用电阻、电容、电感、压电等传感元件或电磁波进行检测）；声信号检测（分为超声、声发射、声呐、语音分析、生物语音训练等方法）；磁信号和放射性检测等。

3. 测试信号

通过测试系统获得的信号是信息的载体，携带着有关被研究物理过程的信息。信号分析通常指分析信号的类别、构成以及特征参数；信号处理指对信号进行滤波、变换、调制、解调、识别和估值等加工处理，以便削弱信号中多余无用分量并增强信号中有用分量，或将信号变换成某种更为希望的形式，以便比较全面、准确地获取有用信息。

4. 测试系统

根据测试原理和测试方法制造或选择设备而组成系统的，是测量和分析试验对象各种信号的全部软件和硬件的集合。航空测试系统由5个基本功能单元，如图1-2所示。

（1）原始敏感单元，从被测对象中吸取能量，并产生按某种规律随被测量变化而变化的输出量。

（2）变量转换单元，如各种传感器，将一些量（如机械量）转变为电量。

（3）量值处理单元，如信号调理器等。

（4）数据传输单元，分为有线传输与无线传输（如无线电遥测系统）。

（5）数据处理、存储及显示单元，如计算机数据处理，各种分析仪及其他光电记录仪等。

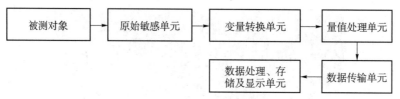

图1-2 航空测试系统的功能单元

三、航空测试技术的任务

（一）航空测试技术的内容

航空测试技术作为航空工业的重要支撑技术，概括地说，可包括5个方面的内容，如图1-3所示，就测试技术而言，几个方面都很重要。虽然各自有各的特点和要求，但在基本理论、方法及所采用的测试手段方面有很多相似之处。

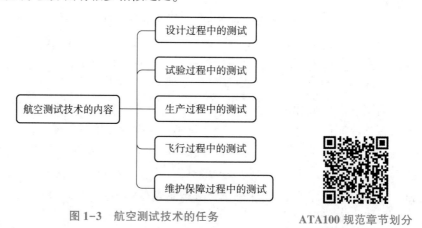

图1-3 航空测试技术的任务

ATA100 规范章节划分

1. 设计过程中的测试

设计过程中的测试，即在飞机设计的过程中所需要进行的相关测试技术。

2. 试验过程中的测试

试验过程中的测试，即在飞机研制过程中的整机、系统及其部件的测试技术。

3. 生产过程中的测试

生产过程中的测试，即从原料进厂、加工到成品出厂的整个过程的测试，包括理化测试、零部件成品检验与质量控制、计量、成品试验及成品出厂试验中的测试等。

4. 飞行过程中的测试

飞行过程中的测试，即飞机在飞行过程中，为了完成机体、发动机和各种系统的工作状态检查所进行的测试活动。

5. 维护保障过程中的测试

维护保障过程中的测试，即在产品使用阶段，为了确定产品的性能以及检测和隔离产品的故障所进行的测试活动。

随着我国航空工业的发展，航空器已处在自行设计与研制阶段，产品已向高速、高空、高温领域迈进。新结构、新工艺、新材料的广泛采用，对测试技术提出了新的要求。试验设备与测试系统是发展新型机种的基础与保证，而测试技术又是发挥试验设备能力和缩短研制周期的关键。所以，加强飞机及与飞机密切相关的气动力、结构强度、发动机性能和试飞的测试技术研究，寻求最佳的测试方法，充实与完善测试手段，越来越为业内专业人士所重视。

（二）航空测试技术的任务

1. 基础测试技术研究

基础测试技术研究是指测试技术的基本理论，测试系统的标准化、系列化、通用化，以及研究不同测试方法的评定标准等。

2. 准确度高、稳定性好、可靠性强的新型传感器研制

准确度高、稳定性好、可靠性强的新型传感器研制，可以丰富获取数据的手段。选用何种测试方案，采用何种具体的测试方法，要考虑获得数据的可能性、完整性和精确性。

3. 新型数据采集模块的研制

新型数据采集模块的研制可以提高基础测试能力。

4. 通用自动化测试系统的研制

通用自动化测试系统的研制可以提高测试效率。

5. 专用测试系统的研制

专用测试系统的研制是指风洞试验的测试系统、飞机结构强度的测试系统、飞控系统试验数据采集系统、航空发动机试车测试系统等。

6. 测试性设计与验证工作

测试性设计与验证工作可以提高测试性设计水平。

7. 状态监测系统的研制

状态监测系统的研制是指航空液压系统、航空发动机、大功率电源系统及飞机结构系统的状态监测设备。

8. 新技术、新产品的应用与推广

新技术、新产品的应用与推广可以保证最新技术和新产品能够被使用。

四、航空测试技术的作用

航空测试技术是保障飞机设计、研制、生产和使用与维护各个阶段正常运转的重要支撑

技术，它有着广泛的服务对象和技术发展领域。从飞机气动试验、强度试验、发动机试验，到各种机载设备的试验等，航空测试技术都具有非常重要的作用。就航空产品发展的全过程而言，从基础技术研究、型号研制、试飞到生产定型，都需要提供先进而可靠的试验测试手段。这种试验测试技术的先进与否，直接影响航空产品的先进性与可靠性，同时对产品的研制周期也起着关键作用。

航空测试技术贯穿于航空产品的设计、研制、生产和使用与维护的全寿命过程，其作用是获取在实验或试验中、产品生产或使用与维护中的定性、定量的数据和信息，并进行分析和评定，用来验证新理论、新方法、新方案的正确性或可行性；确定或验证被测对象的性能和状态；发现或预测产品的故障，提出合理的维修方案。航空测试技术的发展直接关系到航空科学基础的发展，关系到航空产品的性能和质量，对提高航空装备完好性、降低寿命周期费用具有重要作用。

航空测试技术应用于航空工业的各个领域，是现代航空科学技术发展的基础和手段，其主要作用体现在如下几个方面。

1. 航空测试技术是航空工业科学技术发展和产品技术水平提高的重要基础技术

航空测试技术及其物化的测试设备在航空产品的科研、试验、生产、服务的全过程中都是不可缺少的。从对发达国家高新技术产业的研发费用和时间的统计分析来看，产品的测试费用、测试周期占其研发费用和周期的40%左右，并保持上升趋势。因为，高新技术产品与传统产品的一个重要区别在于：高新科技产品越来越先进，而错误的种类和数量也越来越多。所以，只有通过充分的测试与试验验证，才能有效提高产品的可靠性和稳定性，满足使用要求。

2. 航空测试技术是航空科技体系的重要组成部分

和设计、制造技术一样，航空测试技术也是国防科技和装备发展的共性基础技术，同时还是航空科技体系的重要组成部分。一方面，它要物化为适用的多种类型的测试设备或系统；另一方面，它与产品研制过程联系紧密，融入其他专业，如研发中的测试性设计、生产过程中的检测活动，以及维护与保障过程中的诊断测试等。

3. 航空测试技术是获取被试对象信息不可缺少的手段

任何一种现代装备的出现，都离不开先进测试技术的支持。随着科学技术发展，各学科领域对测试技术都提出了越来越高的要求。先进工业国家都对测试技术、测试设备和系统投入巨资进行开发、研究，并取得了惊人的成就。在当代航空科技发展中，测试已成为生产率、制造能力及实用性水平的重要标志，是保障现代装备达到实际性能指标的重要手段。

航空产品在设计、研制、生产和使用与维护过程中，必须通过测试设备和测试系统获取相应参数，对产品进行全面的评定，随时掌握产品的状态，才能保证研制出的产品性能高并且可靠，才能保证产品的使用最有效、最充分。因此，测试技术是具有全局性的关键技术，尤其在高新技术领域，更是具有极其重要的地位。以航空产品为例，在新机研制的过程中，需要开展大量的试验工作，如飞机的气动力试验、结构强度与疲劳试验、发动机部件与整机的性能试验、强度试验、寿命试验，以及飞行试验、高空模拟试验、弹射救生试验、辅机系统试验等。而在这些试验中，如果没有完善的测试手段来获取全面的试验结果，那么试验的作用就不复存在了。因此，测试是保证达到试验目的，进而保证产品质量的重要手段。

随着航空工业的发展，现代飞机的设计和研制日益依赖于先进的试验测试手段，缺乏先进的试验测试装备，将严重制约航空产品的发展。同时，由于产品性能的提高，在生产过程中，对产品的性能试验测试也提出了更高的要求。目前，我国的航空工业面临着提升全面技术的迫切需求，针对这种需求，测试技术必须有一个较快的发展，才能为航空工业提供先进的测试技术和装备。

ATA100 规范编码规则

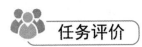 **任务评价**

以小组为单位，组内互相评价，占比 40%；指导教师评价，占比 60%。

序号	评价项目	评价内容	分值	学员互评（40%）	教师评价（60%）
1	专业能力（70分）	课前任务一的完成情况（测量与测试的区别）	5		
2		课前任务二的完成情况（航空测试技术包括的内容）	5		
3		正确选用工具及清点	5		
4		正确选用耗材	5		
5		正确查询和使用参考资料	5		
6		正确填写编码规则	5		
7		正确填写编码规定	5		
8		正确填写飞机各系统的名称	15		
9		正确填写其他内容的名称	5		
10		正确填写拓展任务	10		
11		清点、检查、维护工具和耗材，清扫和整理现场	5		
12	职业素养（30分）	航空从业人员的安全作风	10		
13		扎实严谨航空测试工作作风	10		
14		精益求精的工匠精神	10		
得分			100		
姓名：	学号：		总得分：	评价人：	

 学习体会

通过本次项目的实施，都学到了哪些技能与知识？小结一下。

_____

_____

_____

 思考练习

（1）测量与测试有何区别？

（2）航空测试技术包括哪几个方面的内容？

（3）简述航空测试技术的作用。

（4）航空测试系统由哪几部分组成？

（5）写出航空测试技术的任务。

任务二　航空测试技术体系的认知

学习目标

1. 知识目标

（1）掌握航空测试技术的分类方法；

（2）掌握航空测试的技术要求；

（3）熟悉拓展阅读相关理论知识。

2. 能力目标

（1）明确航空测试技术的体系划分；

（2）明确航空测试技术的基本特点；

（3）查询与使用 AMM 手册。

3. 素质目标

（1）加强航空从业人员敬畏规章的安全作风建设；

（2）养成耐心细致的航空职业素养；

（3）培养忠诚担当的民航精神。

青年要有忠诚
担当精神

任务导入

课前任务一：航空测试技术可以从哪些角度进行分类？

_____

_____

课前任务二：航空测试技术有哪些方面的特点？

_____

_____

_____

任务描述

　　小组成员对照任务清单，按要求进行 AMM 手册规范的查询，熟悉 AMM 手册规范中飞机各系统的名称，熟悉 AMM 手册规范的编写规则，并能正确填写工单中的任务。

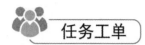

详见任务工单 1-2-1。

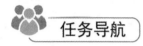

AMM 手册　　**航空测试技术发展方向**

一、航空测试技术的体系

航空测试技术有多种分类方法，如从测试原理、测试对象、测试目的、测试参数、测试环境和技术体系等多角度去归类。本节从技术体系角度对航空测试技术进行划分，主要包括传感器技术、数据采集与处理技术、测试性技术和综合测试技术。

航空测试技术的体系如图 1-4 所示。

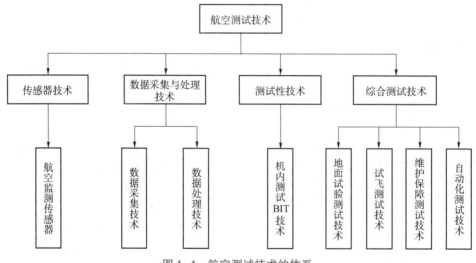

图 1-4　航空测试技术的体系

二、航空测试技术的特点

（一）航空测试技术的要求

航空测试技术以通用测试技术为基础，但由于飞机及其机载设备均属高新技术产品，它们的工作和使用环境恶劣，因此航空测试技术有其自身的特殊性。而航空测试设备就是针对上述要求的多样化，为适应复杂使用环境和满足对体积、质量、功耗等的严苛要求（特别是机内）而设计制造的。随着航空技术的发展，产品性能和可靠性的提高，对航空测试技术提出了更高的要求，突出表现在以下几个方面。

（1）测试设备应具有更高的准确度、速度、分辨率、带宽、稳定性和实时性。

（2）鉴于外场用测试设备工作环境条件恶劣，因此测试设备应具有抗各种恶劣气候和环境条件的能力，还要便于携带和运输，容易组装和拆卸，便于任务部署等。

（3）满足飞机等武器装备飞行过程中对动态测试的要求。

（4）满足航空发动机、武器系统在高空、高压、高温、高转速条件下对特种测试的要求。以航空发动机为例，其疲劳试验有轴疲劳试验和叶片疲劳试验等，而叶片疲劳试验又包含叶片冷热疲劳、高温疲劳、高周疲劳、低周循环疲劳等试验。要在复杂飞行条件下满足航空发动机的设计要求，就必须进行大量的特殊条件下的试验项目，并获取重要的测试数据。

（5）满足机载、弹载测试设备体积小、质量轻、测量参数类型多、被测点数多、存储容量大、远距无线传输、空地测试一体化等特殊要求。

（6）飞机、发动机的结构件价格往往非常昂贵，在检测其内部缺陷或损伤时，要求进行无损检测。

（二）航空测试技术的特点

一般来说，航空测试的基本特点是多参数（气动、热力、几何、电磁等）、多模态（动态与稳态、瞬态与常态、周期性与随机性等）、采样速率高、数据量大、范围宽和高精度、高复杂性等。

1. 被测参数种类多，覆盖面宽

测试参数包括温度、压力、位移、应力、应变、振动、流量、速度、推力等几十种，同时测取的数据可达几百个乃至数千个。

发动机研制过程中为了进行部件、系统和整机的各项性能试验和强度试验，必须进行大量的各种物理参数的测量。需要测量的参数主要有温度、压力、空气流量、燃油流量、燃气分析、转速、推力、流速、振动、位移（间隙、振幅）、液位、扭矩、功率、应力、应变、力、频率、方向角等多种。

飞机结构强度的主要测量参数包括静力试验中的应变、位移和载荷；动力试验中的位移、速度、相位和频率；热强度试验中的温度、热辐射强度、位移、应变和载荷等。

风洞试验是研究模型和气流相互作用的一种试验，其被测参数包括力、力矩、压力、温度、流速、模型转动角度和角速度等。

飞行试验的测量参数包括高度、速度、压力、振动过载、位移、力、力矩、应变、温度、转速、油耗、频率、迎角、侧滑角、角速度、角加速度、姿态角、航向、距离、轨迹和裂纹等几百个，甚至几千个。例如某大型飞机的试飞测试系统要求具有可同时测试采集4 000多个参数的能力。

弹射救生试验的测量参数包括高度、速度、角速度、姿态、压力、温度、力、推力、阻力、声响、面积、流场、激波强度和轨迹等几十种。

由此可见，航空测试不仅参数的种类多，而且处在不同的工作状态。例如，在测量发动机整机及部件转子转速时就有稳态转速、过渡态转速、脉动转速等；在应力状态下有静应力、动应力、热应力、弹塑性应力、断裂应力等。此外，有些参数之间还相互影响，如气动

力、传热、结构强度间的交互影响，以及它们状态的综合测量等。

由于被测参数种类多，而且同一类型物理参数范围覆盖面宽，量程又各不相同，因此需要上千个品种的敏感元件和传感器，增加了航空测试的复杂性。

2. 被测点数多

据统计，1928 年活塞发动机的测点只有 25 个左右。1948 年，喷气式发动机的被测参数达到 200 个左右。目前，大型飞机中所用发动机的被测参数可达 700 个，在飞机的结构强度设计时，要求准确地测量大量数据。例如，美国的波音 727 飞机，在做静力试验时就要粘贴 2 000 多片应变片，而 F-111 要贴 2 200 多片。一架大型飞机，如 A300 型飞机，其全机静力试验粘贴的应变片达 5 000 片以上。大型飞机单机的测试参数有上万个，如 A380 单架飞机的测试参数达 20 000 个。现代战斗机的机载测试参数数以千计，试验机测试参数则达 3 000~8 000 个。

3. 被测信号微弱

由于被测试产品精度的提高，要求测试系统和传感器的精度也相应提高。又由于某些试验的周期长，能源耗费大，因此要求测试系统和传感器也必须具有稳定和可靠的性能。对于一般测试系统而言，要求其系统的综合精度优于 0.2%，并具有实时校准功能。

在航空地面试验性能与强度测试中，有些被测参数（如应变、压力和温度）的输出信号幅值较低，一般在微伏及毫伏级。在应变测量中，应变范围是 $5 \sim 10 \ \mu\varepsilon$，测量其信号电平为 $10 \sim 20 \ \mu V$。在温度测量中，分辨率在 $0.25 \sim 0.50 \ ℃$ 以内时，其温度转换为电平信号的电平也只在毫伏级。

与地面机械不同，航空测试如果精度低，计算结果误差大，将造成严重后果。特别对测试精度要求很高的低电平测试，对现场使用条件、测试系统性能以及抗干扰措施提出更高的要求，大大增加了测试的困难。例如，在对某型发动机进行测试时，其精度要求是：推力达到 ±0.2%，涡轮后排气温度达到 ±0.3%，燃油流量达到 ±0.2%，高低压压气机压力达到 ±0.2%，转速达到 ±0.01%，其他参数要求在 ±0.5% ~ ±1% 以内。

4. 测试的采样速率高

飞机的飞行状态变化很快，部件或整机在一种状态下、同一瞬间的各种参数的变化情况都要求被记录下来，没有快速或高速测试系统是不可能的。以飞机强度试验中的破坏试验为例，其连续加载的时间为 2 min 左右，在这个过程中要测出各点载荷、位移、应变及对时间变化率，就要求测试系统有较高的采样速率。在稳定性试验中，结构失稳是在几十毫秒内发生的。因此，若要测得其失稳过程曲线，要求的采样速率则更高。风洞吹风试验时间短，特别是超声速风洞吹风的时间，一次只有几秒或几十秒，没有高的采样速率就根本无法获得测试数据。在国外，风洞试验中测量动态特性参数时的采样速率要求在每秒十多万次以上。

5. 数据量大

数据量大，这在航空测试中是显而易见的。以某型发动机整机全流程参数测量为例，10 个截面需测压力 238 点、温度 185 点、壁温 142 点，一个截面测流场 90 点，共计 655 点。发动机结构强度试验应力监测和风扇叶片颤振失速监测点近 300 点，其中旋转部件测点达 100 个，所获得的测试数据量可达每小时数百万兆字节以上。发动机与进气道的匹配试验要求测量进口动态压力场，其数据量也达到百万数量级。波音 727 民航机在做静力试验时，飞机粘贴 2 000 多片贴片，测量了 30 万个应变数据。

6. 数据处理速度快

在试验过程中需要迅速得出试验结果并对其进行判断，以便进行下一次试验，这就要求能实时看到试验结果。在计算机技术应用之前，获取试验结果需要相当长的时间，那时的风洞吹风试验，如果吹风吹上几十秒或开几次车，那么人工处理取得试验结果的时间就要花 3 个月至半年，这无疑大大延长了研制周期。由此可见，数据处理慢，就不能及时得到试验结果，从而影响对发动机工作状态的分析和调试。对于飞机静力试验而言，即使只有 200 个测量点，20 个人进行测量（按每台应变仪测 20 点需 2 人计算），在测出的数据多达几十万个情况下，如果采用人工进行均方差分析，那么 4 个人同时处理也需要两三个月的时间，这就很难实现试验调整及试验结果的实时分析。因此，要求测试系统不仅应具有在线处理分析功能，而且数据处理的速度要快速、准确，从而缩短研制周期，大幅提高试验设备利用率。如今，随着计算机技术的不断发展，嵌入式数据处理技术在航空测试领域得到广泛应用，可以提供更加快速准确的处理判断。

7. 测量—处理—显示—控制一体化

航空测试不仅要测量一些参数，对参数进行实时分析与处理，还要在试验过程中对试验设备和试验件及其所处环境、位置及各种过程等变化进行控制，以便符合客观变化规律，这样所测得的数据才更符合客观实际。例如，在气动试验中要对马赫数、模型姿态、尾喷管开度等进行控制；在结构强度试验中要求测试过程配合自动协调加载；在发动机试验测试中要求提供适当的环境条件，而这些试验条件与状态的改变（如由一工作点变化至另一工作点）是通过模拟控制与状态控制来实现的。由于各种过程均实现了自动控制，从而使所做试验既精确又快速，重复性试验所测得的数据几乎每次都完全相同。这就是一体化功能的具体体现。测量—处理—显示—控制一体化的实现，不仅能够大幅提高数据的置信度和试验可靠性，大幅降低人为错误操作因素，使试验成功率得到提高，而且也是科学研究试验本身发展的需要。其结果是，既节约了时间和经费，又能保证试验质量，高效率地完成科研与生产任务。

随着航空测试系统规模越来越大，技术要求越来越复杂，客观上很难完整地将这一任务完成得尽善尽美。因此，系统设计与配套技术也是测试技术的一项重要内容，目标是根据试验任务及测试要求，在了解对象特征的情况下，应用测试理论设计测试方案，合理选用仪表及系统硬件设备配置，结合测试对象的特性，研究建立数学模型，研制应用软件及效果良好的人机接口。同时，成套提供装置与设备，指导现场布线和安装，以及现场调试、系统启动试车、维护修理和提供备品备件、技术培训、技术咨询服务等。

任务评价

以小组为单位，组内互相评价，占比 40%；指导教师评价，占比 60%。

AMM 手册的
章节号

15

序号	评价项目	评价内容	分值	学员互评（40%）	教师评价（60%）
1	专业能力（70分）	课前任务一的完成情况（航空测试技术的分类）	5		
2		课前任务二的完成情况（航空测试技术的特点）	5		
3		正确选用工具及清点	5		
4		正确选用耗材	5		
5		正确查询和使用参考资料	5		
6		正确填写编码规则	5		
7		正确填写工作任务代码	5		
8		正确填写编码	5		
9		正确查询 AMM 手册	15		
10		正确填写拓展任务	10		
11		清点、检查、维护工具和耗材，清扫和整理现场	5		
12	职业素养（30分）	航空从业人员敬畏规章的安全作风	10		
13		耐心细致的航空职业素养	10		
14		忠诚担当的民航精神	10		
得分			100		
姓名：		学号：	总得分：		评价人：

 学习体会

通过本次项目的实施，都学到了哪些技能与知识？小结一下。

_____

_____

_____

思考练习

（1）航空测试技术可以从哪些角度进行分类？

（2）航空测试技术有哪些方面的特点？

（3）航空测试技术从技术体系角度如何划分？

（4）简述航空测试技术的自身要求。

（5）简述航空测试技术的基本特点。

任务三　航空测试技术内涵的认知

 学习目标

1. 知识目标

（1）掌握测量与测试的关联性；

（2）掌握航空测试与航空测试技术的区别；

（3）熟悉拓展阅读相关理论知识。

2. 能力目标

（1）明确航空测试技术的内涵；

（2）明确航空测试技术的发展趋势；

（3）牢记航空从业人员安全作风建设的相关要求。

3. 素质目标

（1）加强航空从业人员敬畏职责的安全作风建设；

（2）养成自主学习安全规范的意识；

（3）培养团结协作的航空工作精神。

敬畏职责："蛟龙号"
上的"两丝"钳工

任务导入

课前任务一：简述航空测试系统的特点。

_____

_____

课前任务二：简述航空测试与航空测试技术的区别。

_____

_____

任务描述

　　小组成员对照任务清单，按要求进行航空从业人员安全作风建设规范的查询，熟悉航空从业人员安全作风建设规范的各项内容，熟悉航空从业人员安全作风建设规范的要求，正确填写工单中的任务。

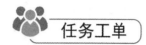

详见任务工单 1-3-1。

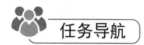

民航安全作风　　航空测试任务

一、航空测试技术的内涵

一般来讲，"测量"和"测试"都是从物理或化学的被测对象或过程中，获取各种信息并进行分析和状态评估的技术。通过这些获取的信息，来表征被测对象或过程的各种参数和各种变量，或表征被测对象的某些特性。"测量"和"测试"在很多场合具有同样的含义，但又有区别。

测量是以确定被测对象量值的存在或大小为目的而进行的全部操作，是随着产品试验的阶段而划分的，不同阶段的试验内容或需求有相对应的测量设备和系统，用以完成试验数值、产品状态和特性的获取、传输、分析、处理、显示、报警等功能。

测试则具有试验性质，试验是指在真实情况下或模拟情况下对产品的特性、参数、功能、可靠性及适应性等进行测量和度量的研究过程，是为了检验产品性能而从事的试验准备、试验方案设计、试验组织管理、试验运行操作及给出试验结论等各项活动。通过试验能够获取理论计算不可能得到的技术数据，为产品改进、改型及鉴定定型提供技术依据，对航空产品或系统的功能及性能进行评价。航空产品试验的类型主要分为气动力试验、结构试验、地面试验、高空试验与飞行试验等。

因而可以看出，"测试"是测量与试验的综合。近些年来，随着测试技术的不断发展，其应用场合在原有航空试验过程测试的基础上，已经扩展到产品生产过程和产品维修保障过程的测试。

（一）航空测试

航空测试是通过试验和测量过程，获取被测对象的光、电、磁、声、机械、理化等各类参数并感知其特性、功能等信息，对航空产品的物理、化学、工程技术等方面的参量、特性等做数值的测定工作，并分析和评价产品特性、系统性能和完好性的工作和活动，是取得对航空产品的定性或定量信息的一种基本方法和途径。

（二）航空测试技术

航空测试技术是指在航空产品的研制、试验、生产、使用和维护的全寿命周期过程中，对产品或试件进行测试，获取各种数据并对其进行处理和评定的原理、方法及其实现技术。航空测试设备不仅可对产品质量进行检验验证，而且还是优化设计、先期可行性研究的基本条件。在装备信息化的背景下，为满足网络中心的需求，测试技术已经远远超出了原有的应用范畴，特别是作为获取信息源头的现代数字化测试技术，已极大地丰富和扩展了测试技术的内涵和应用领域，如远程测试、网络化测试、智能化诊断、故障预测等技术，都突破了传统测试的范畴，不仅与现代装备合为一体，成为网络中心的重要组成部分。

具体来讲，航空测试技术是研究信号检测和处理的技术。任何物质（物体）都以不同形式运动着，并以一定能量或状态表现出来，这就是信号。测试的任务是检测出表征物质运动的各种信号，以及信号与物质运动之间的关系。

二、航空测试技术的发展

随着电子技术、计算机技术的迅猛发展，航空测试技术也得到很大的发展。随着新的测试原理的出现，激光、红外等新型检测元件及大规模集成电路、微型计算机的迅速发展，为了满足被测参数的时变性、随机性、动态性及相关性等基本特点，航空测试技术正在向高速、实时、多信息、多功能、大信息量、高度综合化和自动化的方向发展。传感器作为航空测试系统的源头，正朝着小型化、微型化、集成化、智能化及网络化方向发展。航空测试系统作为航空测试技术物化的产品，为了满足产品全寿命周期使用要求，航空测试系统正朝着标准化、模块化、系列化、智能化、网络化和综合化方向发展。测试软件技术在测试技术中的地位越来越重要，为了满足测试软件可移植、可重用的要求，测试软件技术正朝着模块化、组件化、网络化等方向发展。

（一）标准化、模块化和系列化

1. 标准化

在测试技术的发展中，标准化工作是居首要位置的，它是组织现代化生产的前提条件，没有标准就不能通用，也更谈不上互操作性。我国的测试技术已经进入标准化设计阶段，已采用工业界先进的计算机 I/O 总线标准和数字化总线、仪器总线相结合的标准，并逐步接近国际先进水平。其中，航空数据总线，如 1553B、ARINC329、FC-AE 及 AFDX 等总线已大量使用，航空测试系统也采用了标准化的模块设计，如已被广泛采用的基于 VXI、PXI、PXI-E 等总线的测试模块。

2. 模块化

为了解决测试设备可靠性低和多功能系统集成的问题，过去，科研人员在进行系统测试时，各种各样的测试设备充斥着整个实验室，造成了测试过程中设备可靠性的降低。为了解决这一问题，利用测试总线技术将一系列仪器做成测试模块并以插件的形式组装在测试柜中，成为一个整体，从而构建成所需的自动化测试系统。可以说，测试设备的模块化将测试仪器和测试系统整合在一起，有效提高了测试设备的可靠性和多功能测试系统的综合能力。

3. 系列化

系列化是在标准化和模块化基础上提出的，主要是为了解决测试设备适应性的问题。过去，测试设备都是专用的，一个测试设备只能解决一种测试对象的需求，这在一定程度上造成了资源的浪费。现在在系列化的前提下，用户只需对测试仪器做一些很小的软件上的改动，就可以使一个测试系统能够满足多个测试对象的需求，从而解决测试设备适应性的问题。

（二）小型化、微型化和集成化

1. 小型化

近年来，随着材料科学、计算机技术、微电子和微机械加工技术的发展，传感器技术有了长足的进步。传感器技术的发展是以材料科学、制造技术和理论创新的不断发展为基础的。一些小型化新型传感器是伴随着新材料的发展而发展的。

2. 微型化

微机电系统技术是建立在微米/纳米技术基础上的现代前沿技术，它的发展开创了微型化产品的新时代，使制造技术发生了革命性的变化，促进现代传感器技术进入以微电子和微机械集成技术为主导技术的阶段。微机电传感器的微型化、优良性能与可靠性和它所具有的优越性能价格比，将比传统的传感器拥有越来越大的市场。微型化是指敏感元件特征尺寸从几毫米到几微米的传感器，通过 MEMS 技术的支撑，可以将传感器、执行器与电路在同一衬底上结合，形成微型集成传感器系统。

3. 集成化

传感器集成化主要体现在两个方面：一方面是利用微电子电路制作技术，将敏感元件与放大、调制、运算、补偿等单元电路集成在同一芯片，实现信号变换与信息处理的一体化；另一方面是利用集成电路制造技术和微机械加工技术，将多个测量功能相同、相近或不同的单个敏感元件集成为一维线型传感器或二维面型（阵列）传感器，实现信息多维化，变单参数检测为多参数检测。

（三）智能化和网络化

1. 智能化

智能化指传感器能够根据具体情况自主进行自补偿、自检测、自诊断和自校准的能力，并具有量程切换、远程控制、设定调节、信息储存记忆、双向通信等多种功能。随着测试技术的发展，未来的测试工作已经不局限于野外，更多的是在网络环境下进行实时的测试验证。这就要求传感器不仅要具有获取信号的功能，还要带有网络接口，并将接收到的信号通过网络接口传递给远端的用户。因此，随着对远程测试技术需求的不断扩大，智能传感器将成为传感器技术的一个新的发展方向。

智能测试系统是利用人工智能、神经网络、模糊理论等非传统方法，形成以决策与判断为目标的计算机测试系统，包括识别型智能测试系统和诊断型智能测试系统。智能控制系统的控制方式包括模糊逻辑控制、神经网络控制、拟人控制等，它是人工智能理论的具体应用。在很多工程技术领域，智能测试与控制系统的一体化能够取得更好的效果和更快的速度。而研究和实现智能测试与控制系统的一体化需要有深厚的理论基础和创新思维方式。这也是测试领域发展的主流方向，在航空航天和现代国防领域具有很好的应用前景和市场前景。

2. 网络化

网络化测试技术是将测试系统中地域分散的基本功能单元（计算机、测试仪器、测试模块或智能传感器等），通过网络互联起来，构成一个分布式测试系统。这类以网络为核心，以网络通信为基础的分布式测试系统称为网络化测试系统。网络化测试系统主要由两大部分组成：一部分是组成系统的基本功能单元（计算机、测试仪器、网络化传感器、网络化测试模块等），可视为测试结构；另一部分是连接各基本功能单元的通信网络，可视为网络通信结构。网络化测试通过网络向各种测试和诊断的应用系统提供数据服务。数据、服务和信息安全是网络化测试和诊断架构的基础。实现网络化测试和诊断，可提高测试和诊断效率，大幅降低成本并随时随地获取所需信息。网络化测试的关键技术包括：信息融合技术、中间件技术、信息安全技术、网络化传感器、网络化仪器或模块、实时性及其同步技术等。网络化测试技术的主要作用如下。

1）远程测试和测试资源共享

网络化测试是在网络上进行测量和数据采集，可以实现装备的远距离测试（如可采用网页形式实现远程采集和显示等），以及测试装备和测试信息等测试资源的共享（如可通过主控工作站来协调和控制各种资源等），实现整个测试系统的高度自动化、智能化。

2）远距离诊断和智能维护保障

网络化测试能够通过网络采集和访问系统装备的状态信息和故障信息，进行故障诊断分析、远距离诊断和智能维护，既减少了测试人员的工作量，又提高了测试效率，从而可大幅降低测试成本，提高装备使用时的出勤率和效能发挥。

3）全寿命周期维修保障信息化

网络化测试能够充分利用装备在设计、生产及维护等环节的技术资源，实现测试、维修及诊断信息的快速传输，保证对被测试装备的快速检测、诊断及修复，实现装备维修保障的信息化。

4）信息获取速度快，信息有效性增强

网络化测试可以随时随地获取所需信息，与传统测试系统相比，这是一个质的飞跃。

航空测试技术的发展强烈依赖基础工业和相关共性技术领域的突破和进展，如电子元器件、先进传感器、电子计算机、先进功能性材料、通用仪器与设备等。另外，微电子技术和计算机技术的进步也极大地推动着测试技术和仪器的发展，并使常规的测试原理和仪器设计发生了重大变化，未来还将会产生更加新颖的测试理论及新的测试仪器和系统。应该特别指出的是，微电子技术的发展给测试技术各个领域带来了重大变革。随着大规模与超大规模集成电路的发展，制造高性能、高精度和高可靠性测试仪器成为可能。智能传感器及新一代自动化测试系统的出现，使测试系统经历一场崭新的变革，这将给许多重大科学技术带来新的突破。

任务评价

以小组为单位，组内互相评价，占比 40%；指导教师评价，占比 60%。

航空从业人员安全作风要求

序号	评价项目	评价内容	分值	学员互评（40%）	教师评价（60%）
1	专业能力（70分）	课前任务一的完成情况（航空测试系统的特点）	5		
2		课前任务二的完成情况（航空测试与航空测试技术的区别）	5		
3		正确选用工具及清点	5		
4		正确选用耗材	5		
5		正确查询和使用参考资料	5		
6		正确填写两个确保、三个敬畏、十五条硬措施	10		
7		正确填写五个属性、三管三必须、六个起来、安全作风两个层面	10		
8		正确填写四个责任、当代民航精神、六到班组、四个关系	10		
9		正确填写拓展任务	10		
10		清点、检查、维护工具和耗材，清扫和整理现场	5		
11	职业素养（30分）	航空从业人员敬畏职责的安全作风	10		
12		积极主动学习安全规范	10		
13		团结协作的航空工作精神	10		
		得分	100		
姓名：		学号：	总得分：		评价人：

学习体会

通过本次项目的实施，都学到了哪些技能与知识？小结一下。

 思考练习

（1）谈谈你对航空测试技术发展趋势的认识。

（2）网络化测试技术的主要作用是什么？

（3）简述测量和测试两者之间的联系？

（4）传感器集成化主要体现在哪两个方面？

（5）简述航空测试与航空测试技术的区别。

 拓展阅读

阅读一：SB101 高空
模拟试验台

阅读二：国产大飞机

阅读三："数控尖兵"匠心
守护航天员"回家"路

项目二　航空温度测试

　项目描述

　　温度是飞机发动机工作时必须测量的参数，为保证温度传感器能够正确地测量及指示，飞机飞行一定时间后需要对相关温度传感器进行维护与测试。根据工艺流程维护与测试温度传感器是航空从业者的一项基本职业能力要求。本项目包括识别、拆卸、安装、维护及检查发动机 T12、T49.5、PT25 温度传感器，查询动力参数表，上电测试上述三种航空用温度传感器等任务。

　学习目标

1. 知识目标

（1）掌握飞机发动机常用温度传感器的名称、工作原理和功用；

（2）掌握飞机发动机主要温度传感器的拆装与测试方法和使用注意事项；

（3）掌握常规温度传感器的相关基础理论知识。

2. 能力目标

（1）识别和使用飞机发动机常用温度传感器；

（2）拆卸和安装飞机发动机主要温度传感器；

（3）测试和保养飞机发动机主要温度传感器。

3. 素质目标

（1）提高航空从业人员的工作质量意识；

（2）养成敬业奉献的航空测试职业操守；

（3）培养勇于担当的航空工匠精神。

车间里走出的航空
发动机维修"大工匠"

通过本项目中民航飞机发动机 T12、T49.5、PT25 温度传感器及常规温度传感器相关知识的学习，结合拓展阅读实现知识拓展，掌握航空温度测试相关知识。

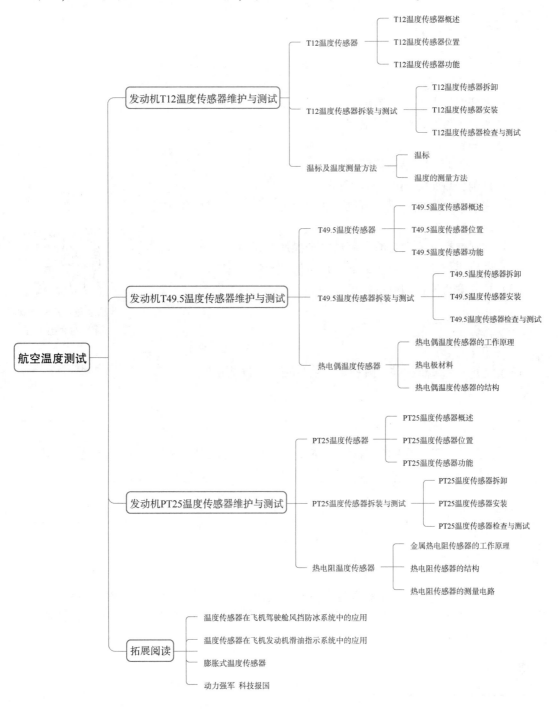

任务一 发动机 T12 温度传感器维护与测试

 学习目标

1. 知识目标

（1）掌握 T12 温度传感器基础知识；

（2）掌握温标及温度的测量方法；

（3）熟悉拓展阅读相关理论知识。

2. 能力目标

（1）正确拆卸 T12 温度传感器；

（2）正确安装 T12 温度传感器；

（3）完成 T12 温度传感器测试及相关保养工作。

3. 素质目标

（1）加强航空从业人员航空测试安全操作意识；

（2）养成牢记航空从业人员安全作风的"三防"要求；

（3）培养敬重装备的航空机务精神。

敬重装备：用生命铸
"箭"的大国工匠

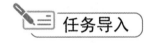 任务导入

课前任务一：飞机发动机哪些部位需要进行温度测量？

_____

_____

课前任务二：T12 温度传感器的具体位置在哪里？接触与非接触式测量的特点是什么？

_____

_____

_____

 任务描述

　　小组成员按工单流程查询相关参考资料，使用专用工具拆卸、安装、维护及检查发动机进气道 A、B 通道的 T12 温度传感器，根据动力参数表进行上电测试，使 T12 温度传感器能够正确测量及指示参数。

 任务工单

　　详见任务工单 2-1-1。

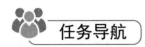

一、T12 温度传感器

发动机温度测试部位

（一）概述

两个电插头将 T12 传感器连接到电子发动机控制系统（EEC），飞机在地面时和起飞后 5 min，T12 温度传感器提供风扇进气道总温度数据到 EEC。在起飞 5 min 后的飞行中，EEC 使用来自 EEC 工作通道的 T12、来自备用 EEC 通道的 T12、来自 ADIRU 1 的总空温、来自 ADIRU 2 的总空温计算选定的总温度。EEC 使用总温度控制发动机的推力操纵、可变放气活门（VBV）、VSV 和 LPTACC 系统。

（二）位置

T12 温度传感器在发动机进气道整流罩 2:30 位置。T12 传感器探头伸出至流入风扇的空气，通过进气道整流罩右外侧上的维护盖板接近 T12 传感器。图 2-1 所示为 T12 温度传感器的位置，图 2-2 所示为 T12 温度传感器的安装图。

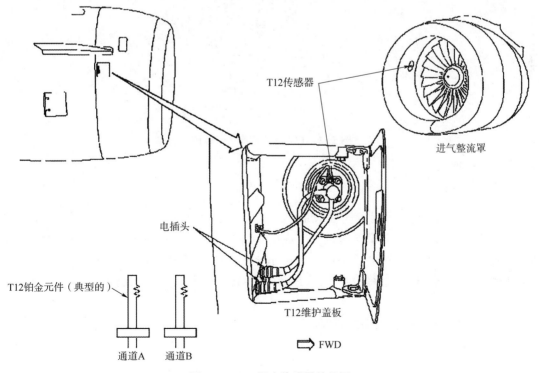

图 2-1 T12 温度传感器的位置

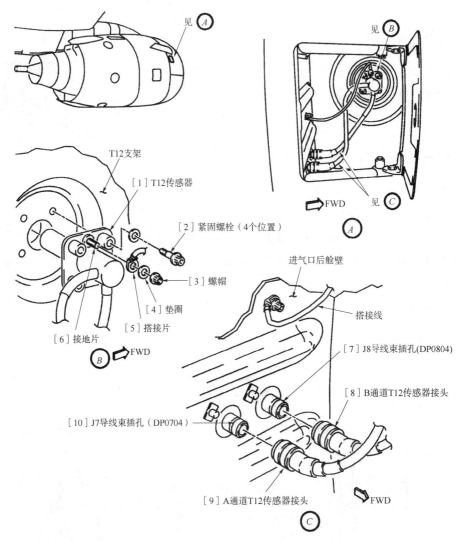

图 2-2 T12 温度传感器安装图

（三）功能

T12 温度传感器提供风扇进气道总温度数据到 EEC。传感器组件中有两个铂金元件，一个元件用于通道 A，另一个用于通道 B。EEC 向 T12 铂金传感元件提供一个恒定的电压电源，元件阻值变化与空气温度成正比，来自铂金元件的输出进入 EEC，EEC 测定恒定输出电压和来自传感器的输入之间的差值，EEC 将差值转换成风扇进口温度。

二、温标及温度的测量方法

（一）温标

用来衡量物体温度数值的标尺叫温标。它规定了温度的读数起点（零点）和测量温度的基本单位。目前国际上用得较多的温标有华氏温标、摄氏温标和热力学温标。

（1）华氏温标（℉）：在标准大气压下，冰的熔点为32℉，水的沸点为212T，中间划分180等份，每等份为华氏1℉，符号为F，它是德国人华伦海特创立的。

（2）摄氏温标（℃）：在标准大气压下，冰的熔点为0℃，水的沸点为100℃，中间划分100等份，每等份为摄氏1℃，符号为t，它是瑞典人摄尔休斯创立的。

（3）热力学温标：又称开尔文温标（K），或称绝对温标，它规定分子运动停止时的温度为绝对零度（0 K），符号为T。1954年国际计量大会决定把水的三相点的热力学温度规定为273.16 K。1 K就是水三相点的热力学温度的1/273.16，因为水的三相点温度比冰的熔点温度约高0.01 ℃（0.01 K），因此，冰的熔点（即摄氏温度零点）的开氏温度是273.15 K。为纪念汤姆逊对此的贡献，后人以其封号"开尔文"作为温标单位。热力学温标的零点——绝对零度，是宇宙低温的极限，宇宙间一切物体的温度可以无限地接近绝对零度但不能达到绝对零度（如宇宙空间的温度为0.2 K）。

三种温标的换算关系为

$$t_c = T_K - 273.15, \quad t_F = \frac{9}{5}t_C + 32 \tag{2-1}$$

（二）温度的测量方法

温度不能直接测量，需要借助于某种物体的物理参数随温度冷热不同而明显变化的特性进行间接测量。温度传感器就是通过测量某些物理量参数随温度的变化而间接测量温度的。按照感温元件是否与被测对象相接触，可以分为接触式测温和非接触式测温两大类，如图2-3、图2-4所示。

图2-3　接触式测温

图2-4　非接触式测温

1. 接触式测温

接触式温度传感器是由温度敏感元件（感温元件）和转换电路组成的，如图2-5所示。感温元件与被测对象接触，彼此进行热量交换，使感温元件与被测对象处于同一环境温度下，感温元件感受到的冷热变化即被测对象的温度。常用的接触式温度传感器主要有热膨胀式温度传感器、热电偶温度传感器、热电阻温度传感器、热敏电阻温度传感器、半导体温度传感器等。

优点：结构简单，工作可靠，测量精度高，价格便宜，可测得被测对象的真实温度及物体内部某一点的温度。

缺点：有较大的滞后现象（由于与被测物热交换需要一定的时间），不适于测量小的物体、腐蚀性强的物体及运动物体的温度，并且由于感温元件与被测对象接触，从而影响被测环境温度的变化，测温范围也受到感温元件材料特性的限制等。

图 2-5 接触式温度传感器的组成

2. 非接触式测温

非接触式测温是利用物体表面的热辐射强度与温度的关系来测量温度的。通过测量一定距离处被测物体发出的热辐射强度来确定被测物的温度。常见的非接触式测温传感器有：辐射高温计、光学高温计、比色高温计、热红外辐射温度传感器等。

优点：可以测量高温及腐蚀性、有毒物体的温度，测温速度快，不存在滞后现象，测温范围不受限制，可以测量运动物体、导热性差、微小目标、热容量小的物体、固体、液体表面的温度，不影响被测物环境温度。

缺点：易受被测物体与仪表间距离、烟尘、水气及被测物热辐射率的影响，测量准确度较低等。

任务评价

传感器的定义

以小组为单位，组内互相评价，占比 40%；指导教师评价，占比 60%。

序号	评价项目	评价内容	分值	学员互评（40%）	教师评价（60%）
1	专业能力（70分）	课前任务一的完成情况（飞机发动机需要温度测量的部位）	5		
2		课前任务二的完成情况（T12温度传感器的具体位置，接触与非接触式测量的特点）	5		
3		正确选用工具及清点	5		
4		正确选用耗材	5		
5		正确查询和使用参考资料	5		
6		正确完成拆卸前的准备工作	5		
7		正确完成拆卸任务	10		
8		正确完成安装前的准备工作	5		
9		正确完成安装任务	10		
10		正确完成检查与测试任务	10		
11		清点、检查、维护工具和耗材，清扫和整理现场	5		

续表

序号	评价项目	评价内容	分值	学员互评（40%）	教师评价（60%）
12	职业素养（30分）	严格遵守操作规程	10		
13		严格执行安全操作	10		
14		严格按照"三防"要求执行	10		
得分			100		

姓名：	学号：	总得分：	评价人：

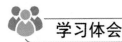
学习体会

通过本次项目的实施，都学到了哪些技能与知识？小结一下。

_____

_____

_____

思考练习

（1）T12 温度传感器属于哪种温度传感器？试说出其测量原理。

（2）T12 温度传感器位于发动机什么位置？

（3）温度有哪些测量方式？

（4）阐述民航维修中三清点指的是哪些内容。

（5）简述温标的分类以及它们之间的换算关系。

任务二 发动机 T49.5 温度传感器维护与测试

 学习目标

1. 知识目标

（1）掌握 T49.5 温度传感器基础知识；

（2）掌握热电偶温度传感器基础知识；

（3）熟悉拓展阅读相关理论知识。

2. 能力目标

（1）正确拆卸 T49.5 温度传感器；

（2）正确安装 T49.5 温度传感器；

（3）完成 T49.5 温度传感器测试及相关保养工作。

3. 素质目标

（1）加强航空从业人员敬畏规章的安全作风建设；

（2）养成牢记航空从业人员安全作风的"三基"要求；

（3）培养实事求是的航空机务精神。

安全：从敬畏
规章做起

 任务导入

课前任务一：通过课前预习，说说什么是热电效应，热电动势的组成有哪些？

_____

_____

课前任务二：简述 T49.5 温度传感器的具体位置及功能。

_____

_____

_____

 任务描述

小组成员按工单流程，查询相关参考资料，使用专用工具拆卸、安装、维护及检查发动机低压涡轮处 T49.5 温度传感器，并根据动力参数表进行上电测试，使 T49.5 温度传感器能够正确测量及指示参数。

任务工单

详见任务工单 2-2-1。

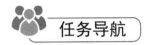

一、T49.5 温度传感器

传感器的基本特性

（一）概述

排气温度（EGT）指示系统监控第二级低压涡轮喷嘴处的排气温度。EGT 系统有 8 个热电偶和 4 根 T49.5 热电偶电缆。每个导线束组件有两个热电偶将输入提供到电子发动机控制系统。EEC 使用 EGT 信号完成共同显示系统（CDS）上显示 EGT、发动机热起动和湿起动（不点火）逻辑、低压涡轮（LPT）冷却逻辑功能。EEC 将 EGT 数据发送到 ARINC429 总线上的显示器电子组件（DEU），DEU 是 CDS 的部件，DEU 通常在中央显示装置上方显示 EGT，EGT 也会显示在下部中央显示装置和内部显示装置上。

（二）位置

发动机 T49.5 传感器位于第二级低压涡轮喷嘴内侧。热电偶导线进入最近的接线盒，电线在导管内部，涡轮机匣每侧有两根 T49.5 热电偶电缆，导线束将 EEC 连接到靠近热电偶的接线盒。图 2-6 所示为 T49.5 温度传感器所在的位置，图 2-7 所示为 T49.5 温度传感器分布，图 2-8 所示为 T49.5 温度传感器安装图。

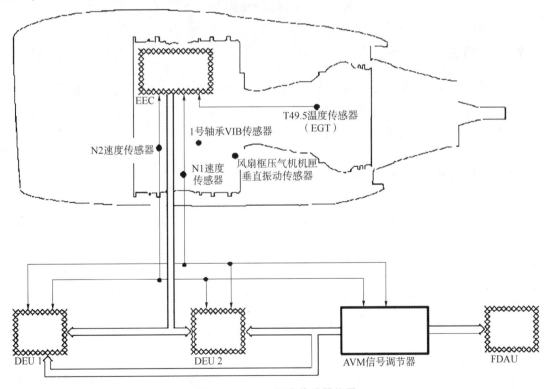

图 2-6　T49.5 温度传感器位置

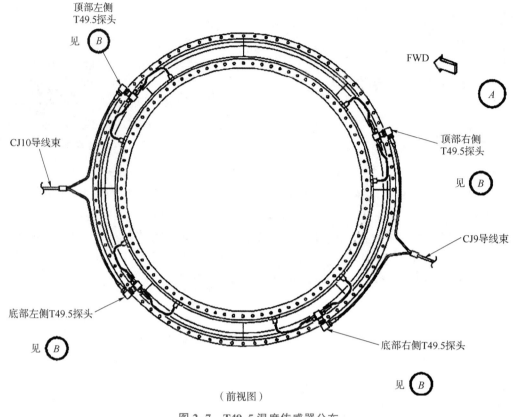

图 2-7　T49.5 温度传感器分布

（三）功能

EGT 热电偶提供与排气温度成比例的模拟信号。T49.5 热电偶电缆将热电偶信号发送到 EEC。EEC 将这些信号用于发动机控制和指示。每台发动机上有 8 个热电偶和 4 根 T49.5 热电偶电缆。T49.5 热电偶电缆由热电偶、导管和接线盒组成。

二、热电偶温度传感器

热电偶是工程上应用最广泛的温度传感器。其结构简单、使用方便、测温点小、准确度高、热惯性小、响应速度快、便于维修、复现性好，且测温范围广，一般为-270~2 800 ℃；还具有可直接输出电信号，不需要转换电路，适于远距离测量、自动记录、集中控制等优点，因而在温度测量中占有很重要的地位。其缺点是存在冷端温度补偿问题。

（一）热电偶温度传感器的工作原理

1. 热电效应

两种不同材料的导体 A 和 B 组成一个闭合回路，则在该回路中将会产生电动势，两个接点的温差越大，所产生的电动势也越大。组成回路的导体材料不同，所产生的电动势也不

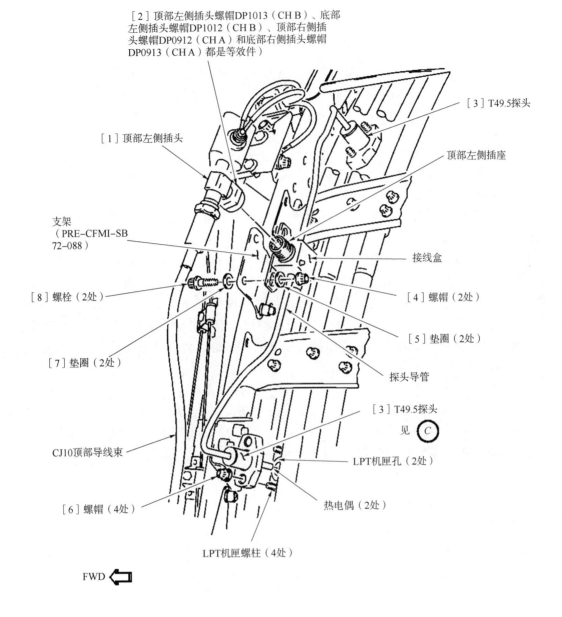

[2] 顶部左侧插头螺帽DP1013（CH B）、底部
左侧插头螺帽DP1012（CH B）、顶部右侧插
头螺帽DP0912（CH A）和底部右侧插头螺帽
DP0913（CH A）都是等效件）

[3] T49.5探头

顶部左侧插座

[1] 顶部左侧插头

支架
（PRE-CFMI-SB
72-088）

接线盒

[8] 螺栓（2处）

[4] 螺帽（2处）

[5] 垫圈（2处）

[7] 垫圈（2处）

探头导管

[3] T49.5探头
见 Ⓒ

CJ10顶部导线束

LPT机匣孔（2处）

[6] 螺帽（4处）

热电偶（2处）

LPT机匣螺柱（4处）

FWD

Ⓑ　顶部左侧T49.5探头
（底部左侧，顶部右侧和底部
右侧T49.5探头都是等效件）

图 2-8　T49.5 温度传感器安装图

一样，这种现象称为热电效应。两种导体所组成的闭合回路称为热电偶，热电偶所产生的电动势称为热电动势。组成热电偶的材料 A 和 B 称为热电极，两个接点中温度高的一端称为热端或测量端（工作端），另一端则称为冷端或参考端（自由端）。热电偶是基于热电效应的原理来测量温度的，如图 2-9 所示。

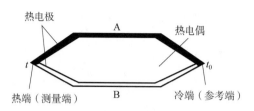

图 2-9　热电偶测温原理

2. 热电动势的组成

热电动势是由两种导体的接触电动势和单一导体的温差电动势组成的。

1）两种导体的接触电动势

接触电动势是由两种不同导体的自由电子的浓度不同而在接触面形成的电动势。假设两种金属 A、B 的自由电子浓度分别为 N_A、N_B，且 $N_A > N_B$。当两种金属相接时，将产生自由电子的扩散现象。在同一瞬间，由 A 扩散到 B 中的电子比由 B 扩散到 A 中的多，从而使金属 A 失去电子带正电；金属 B 得到电子带负电，在接触面形成电场。此电场阻止电子进一步扩散，当达到动态平衡时，在接触面的两侧就形成了稳定的电位差，即接触电动势 e_{AB}，如图 2-10 所示。接触电动势的数值取决于两种导体的性质和接触点的温度，而与导体的形状及尺寸无关。温度越高，接触电动势也越大。接触电动势的方向由两导体的材料决定。

2）单一导体的温差电动势

对于单一导体，如果两端温度分别为 t，t_0，如图 2-11 所示，则导体中的自由电子在高温端具有较大的动能，因而向低温端扩散。高温端因失去电子带正电，低温端因获得电子带负电，即在导体两端产生了电动势，这个电动势称为单一导体的温差电动势。

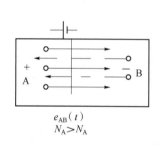

图 2-10　两种导体的接触电动势

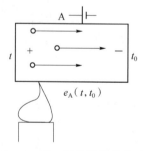

图 2-11　单一导体的温差电动势

由此可知，热电偶回路中产生的总热电动势为

$$E_{AB}(t, t_0) = e_{AB}(t) + e_B(t, t_0) - e_{AB}(t_0) - e_A(t, t_0) \tag{2-2}$$

式中，$E_{AB}(t, t_0)$ 为热电偶电路的总热电动势；$e_{AB}(t)$ 为热端接触电动势；$e_B(t, t_0)$ 为 B 导体的温差电动势；$e_{AB}(t_0)$ 为冷端接触电动势；$e_A(t, t_0)$ 为 A 导体的温差电动势。

在总热电动势中，温差电动势比接触电动势小很多，可忽略不计，则热电偶的热电动势可表示为

$$E_{AB}(t, t_0) = e_{AB}(t) - e_{AB}(t_0) \tag{2-3}$$

对于已选定的热电偶，当参考端温度恒定时，$e_{AB}(t_0)$ 为常数，则总的热电动势就只与温

度成单值函数关系，即

$$E_{AB}(t, t_0) = e_{AB}(t) \qquad (2-4)$$

在实际应用中，热电动势与温度之间的关系是通过热电偶分度表来确定的。分度表是参考端温度为 0 ℃ 时，通过实验建立起来的热电动势与工作端温度之间的数值对应关系。K 型热电偶分度表见表 2-1。

K 型热电偶
查询方法

表 2-1　K 型热电偶分度对照表

热电动势/mV 分度 测量端温度/℃	0	10	20	30	40	50	60	70	80	90
-0	-0.000	-0.392	-0.777	-1.156	-1.527	-1.889	-2.243	-2.586	-2.920	-3.242
+0	0.000	0.397	0.798	1.203	1.611	2.022	2.436	2.850	3.266	3.681
100	4.095	4.508	4.919	3.377	5.733	6.157	6.539	6.939	7.38	7.737
200	8.137	8.536	8.938	9.341	9.745	10.151	10.561	10.969	11.381	11.793
300	12.207	12.623	13.039	13.456	13.874	14.292	14.721	15.132	15.552	15.974
400	16.395	16.818	17.241	17.664	18.088	18.513	18.938	19.363	19.978	20.214
500	20.640	21.066	21.493	21.919	22.346	22.772	23.198	23.624	24.050	24.476
600	24.902	25.327	25.751	26.176	26.599	27.022	27.445	27.867	28.288	28.709
700	29.128	29.547	29.965	30.383	30.799	31.214	31.629	32.042	32.455	32.866
800	33.277	33.686	34.095	34.502	34.909	35.314	35.718	36.121	36.524	36.925
900	37.325	37.724	38.122	38.519	38.817	39.310	39.703	40.096	40.488	40.897
1 000	41.296	41.657	42.045	42.432	42.817	43.202	43.585	43.968	44.349	44.729
1 100	45.108	45.486	45.863	46.238	46.612	46.985	47.356	47.726	48.095	48.462
1 200	48.828	49.192	49.55	49.916	50.276	50.633	50.990	51.344	51.697	52.049
1 300	52.398	—	—	—	—	—	—	—	—	—

注：类型：K 型（镍铬-镍硅）；热电偶测温范围为 -90~1 300 ℃；参考端温度为 0 ℃。

（二）热电极的材料

根据热电偶的测量原理，理论上任何两种不同材料的导体都可以作为热电极组成热电偶，但在实际应用中，为了准确可靠地进行温度测量，必须对热电偶组成的材料严格选择。组成热电偶的材料要满足以下条件。

（1）在测量温度范围内，热电性能稳定，不随时间和被测介质变化，物理化学性能稳定，能耐高温，在高温下不易氧化或腐蚀等。

（2）电导率要高，电阻温度系数小。

（3）热电动势随温度的变化率要大，并希望该变化率最好是常数。

（4）组成热电偶的两电极材料应具有相近的熔点和特性稳定的温度范围。

（5）材料的机械强度高，来源充足，复制性好，复制工艺简单，价格便宜。

目前工业上常用的4种标准化的热电偶材料如下：铂铑$_{30}$-铂铑$_6$（分度号为B型），测温范围是0~1 800 ℃；铂铑$_{10}$-铂（分度号为S型），测温范围是0~1 600 ℃；镍铬-镍硅（分度号为K型），测温范围是-200~1 300 ℃；镍铬-铜镍（分度号为E型），测温范围是-200~900 ℃。查热电偶分度表时，一定要对应相应的材料。

（三）热电偶温度传感器的结构

为了适应不同对象的测温要求和条件，热电偶的结构形式有普通型热电偶、铠装热电偶和薄膜热电偶等。

1. 普通型热电偶

图2-12（a）所示为工业测量上应用最多的普通型热电偶，它一般由热电极、绝缘套管、保护套管和接线盒组成。普通型热电偶根据安装连接形式可分为固定螺纹连接、固定法兰连接、活动法兰连接和无固定装置等形式，如图2-12（b）所示。

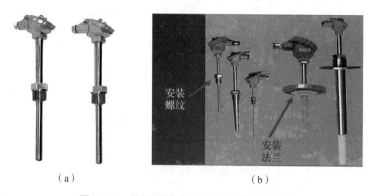

（a）　　　　　　　　　　（b）

图2-12　普通型热电偶及热电偶安装方式

2. 铠装热电偶

铠装热电偶也称为缆式热电偶，如图2-13所示，它将热电偶丝与电熔氧化镁绝缘物熔铸在一起，外套不锈钢管等。这种热电偶耐高压、反应时间短、坚固耐用。常见的铠装热电偶如图2-14所示。

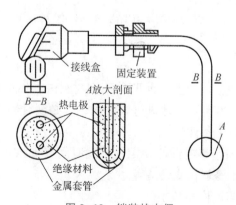

图2-13　铠装热电偶

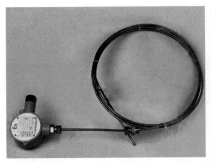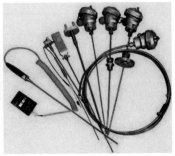

图 2-14　常见的铠装热电偶

3. 薄膜热电偶

薄膜热电偶如图 2-15 所示，是用真空镀膜技术等方法，将热电偶材料沉积在绝缘片表面而构成的热电偶，其测量范围为 -200~500 ℃。热电极材料多采用铜-康铜、镍铬-铜、镍铬-镍硅等，用云母作绝缘基片，主要适用于各种表面温度的测量。当测量范围为 500~1 800 ℃时，热电极材料多用镍铬-镍硅、铂铑-铂等，用陶瓷做基片。

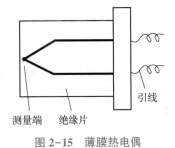

图 2-15　薄膜热电偶

 任务评价

以小组为单位，组内互相评价，占比 40%；指导教师评价，占比 60%。

序号	评价项目	评价内容	分值	学员互评（40%）	教师评价（60%）
1		课前任务一的完成情况（热电效应，热电动势的组成）	5		
2		课前任务二的完成情况（T49.5 温度传感器具体位置及功能）	5		
3		正确选用工具及清点	5		
4		正确选用耗材	5		
5	专业能力（70 分）	正确查询和使用参考资料	5		
6		正确完成拆卸前的准备工作	5		
7		正确完成拆卸任务	10		
8		正确完成安装前的准备工作	5		
9		正确完成安装任务	10		
10		正确完成检查与测试任务	10		
11		清点、检查、维护工具和耗材，清扫和整理现场	5		

续表

序号	评价项目	评价内容	分值	学员互评（40%）	教师评价（60%）
12	职业素养（30分）	敬畏规章的安全作风	10		
13		严格按照"三基"要求执行	10		
14		实事求是的航空机务精神	10		
		得分	100		
姓名：		学号：	总得分：		评价人：

学习体会

通过本次项目的实施，都学到了哪些技能与知识？小结一下。

_____

_____

_____

思考练习

（1）排气温度指示系统有_____个 T49.5 温度传感器，属于_____温度传感器，位于_____处。

（2）两种_____组成一个_____，则在该回路中将会产生_____，两个接点的_____，所产生的电动势也越大，这种现象称为热电效应。热电动势由_____和_____两部分组成。

（3）用 K 型热电偶测量温度时，如果测得热电动势 $E(t, 0\,℃) = 37.724\ mV$，求温度 t。

（4）试说明热电偶温度传感器的工作原理。

任务三 发动机 PT25 温度传感器维护与测试

学习目标

1. 知识目标

（1）掌握 PT25 温度传感器基础知识；

（2）掌握热电阻温度传感器基础知识；

（3）熟悉拓展阅读相关理论知识。

2. 能力目标

（1）正确拆卸 PT25 温度传感器；

（2）正确安装 PT25 温度传感器；

（3）完成 PT25 温度传感器测试及相关保养工作。

3. 素质目标

（1）加强航空从业人员敬畏职责的安全作风建设；

（2）养成牢记航空从业人员安全作风的"四严"要求；

（3）培养认真负责的航空机务精神。

敬畏职责

任务导入

课前任务一：铂热电阻和铜热电阻有什么区别？各适用于什么场合？

_____

_____

课前任务二：简述 PT25 温度传感器的具体位置及其功能。电阻式温度传感器是如何工作的？

_____

_____

_____

任务描述

小组成员按工单流程，查询相关参考资料，使用专用工具拆卸、安装、维护及检查发动机高压压气机的 PT25 温度传感器，根据动力参数表进行上电测试，使 PT25 温度传感器能够正确测量及指示参数。

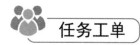

详见任务工单 2-3-1。

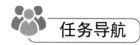

一、PT25 温度传感器

传感器测量误差

（一）概述

PT25 温度传感器向 EEC 提供高压压气机（HPC）进口温度数据。EEC 用 PT25 温度信息控制以下部件：瞬时放气活门（TBV）、可变放气活门（VBV）、可变定子叶片（VSV）。

PT25 温度传感器有两个将数据提供到两个 EEC 通道的电气连接。

（二）位置

PT25 温度传感器在风扇导管板下的风扇框内壁 6:00 位置。图 2-16 所示为 PT25 温度传感器所在位置，图 2-17 所示为 PT25 温度传感器安装图。

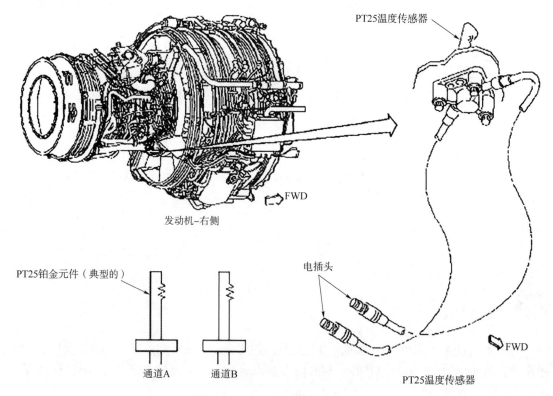

图 2-16　PT25 温度传感器位置

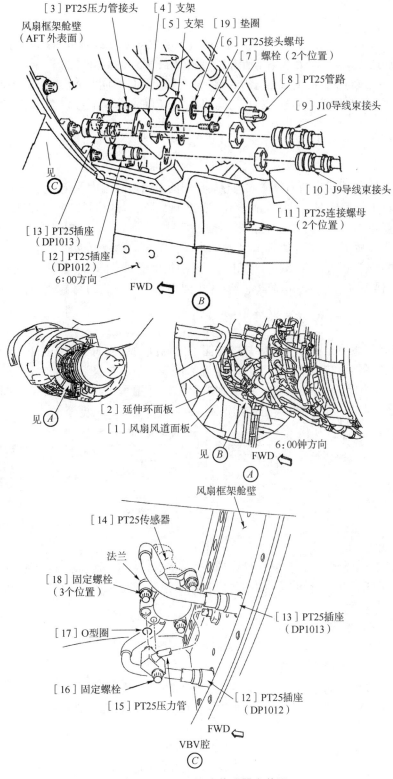

图 2-17　PT25 温度传感器安装图

（三）功能

PT25 温度传感器向 EEC 提供高压压气机进口温度数据。PT25 温度组件中有两个铂金元件，一个元件用于通道 A，另一个元件用于通道 B。EEC 向 PT25 传感元件提供一个恒定电压电源，传感元件将阻值转换成与空气温度成正比的电流。来自铂金元件不同的输出电压传到 EEC，EEC 测定恒定输出电压和来自传感器的输入电压之间的差值，EEC 将差值转换成 HPC 进口温度。

二、热电阻温度传感器

热电阻式温度传感器是利用导体或半导体材料的电阻值随温度变化而变化的原理来测量温度的，即材料的电阻率随温度的变化而变化，这种现象称为热电阻效应。当温度升高时，虽然自由电子数目基本不变（当温度变化范围不是很大时），但每个自由电子的动能都将增加，因而在一定的电场作用下，要使这些杂乱无章的电子作定向运动就会遇到更大的阻力，导致金属电阻值随温度的升高而增加。按制造材料来分，一般把由金属导体铂、铜、镍等制成的测温元件称为金属热电阻传感器，简称热电阻传感器；把由半导体材料制成的测温元件称为热敏电阻。

（一）金属热电阻传感器的工作原理

金属热电阻传感器是利用金属导体的电阻值随温度的变化而变化的原理进行测温的。最基本的热电阻传感器由热电阻、连接导线及显示仪表组成，如图 2-18 所示。热电阻广泛用来测量 -220~850 ℃ 范围内的温度，在少数情况下，低温可测量至 -272 ℃，高温可测量至 1 000 ℃。金属热电阻常用的材料是铂和铜。

图 2-18　热电阻传感器示意图

铂热电阻标准型号

1. 铂热电阻

铂易于提纯、复制性好，在氧化性介质中，甚至高温下，其物理化学性质极其稳定，因而主要用于高精度温度测量和标准测温装置，其测温范围为 -200~850 ℃。下面介绍铂电阻的电阻-温度特性方程。

在 -200~0 ℃ 的温度范围内为

$$R_t = R_0 \left[1 + At + Bt^2 + Ct^3 (t-100) \right] \qquad (2-5)$$

在 0~850 ℃ 的温度范围内为

$$R_t = R_0 \left[1 + At + Bt^2 \right] \qquad (2-6)$$

式（2-5）和式（2-6）中，R_t、R_0 分别为温度 t 和 0 时的铂电阻值；A、B 和 C 为常数，其数值为

$$
\begin{aligned}
A &= 3.968\ 4 \times 10^{-3}/℃ \\
B &= -5.847 \times 10^{-7}/℃^2 \\
C &= -4.22 \times 10^{-12}/℃^4
\end{aligned}
\qquad (2-7)
$$

由式（2-5）和式（2-6）可知，$t = 0$ ℃ 时的铂电阻值为 R_0，工业用铂热电阻有

$R_0 = 10\ \Omega$，$R_0 = 50\ \Omega$，$R_0 = 100\ \Omega$ 等几种，它们的分度号分别为 Pt10、Pt50、Pt100，其中 Pt100 最常用。铂热电阻不同分度号对应有相应分度表，即此 R_t-t 的关系表，这样在实际测量中，只要测得热电阻的阻值，便可从分度表上查出对应的温度值。

用百度电阻比 $W(100) = R_{100}/R_0$ 表示铀丝的纯度（R_{100} 表示 100 ℃时的电阻值），比值越大，纯度越高，测量越精确。我国工业用铂电阻 R_{100}/R_0 的值在 1.391 ~ 1.389 间，国际上规定 $R_{100}/R_0 \geqslant 1.392$。不同的纯度和分度号，$A$、$B$、$C$ 数值也不同，上述 A、B、C 的大小是分度号为 Pt100，$W(100) = R_{100}/R_0 = 1.391$ 时的值。

2. 铜热电阻

由于铂是贵金属，价格较贵，在测量精度要求不高，测温范围在 −50 ~ 150 ℃时普遍采用铜电阻。铜电阻的电阻温度特性方程为 $R_t = R_0(1 + a_1 t + a_2 t^2 + a_3 t^3)$。

由于 a_2、a_3 比 a_1 小得多，所以可以简化为

$$R_t \approx R_0(1 + a_1 t) \tag{2-8}$$

式中，R_t 是温度为 t ℃时铜的电阻值；R_0 是温度为 0 ℃时铜的电阻值；a_1 是常数，$a_1 = 4.28 \times 10^{-3}/℃$。

铜电阻的 R_0 常取 100 Ω、50 Ω，两种分度号为 Cu100、Cu50。

铜易于提纯，价格低廉，电阻-温度特性的线性较好，但电阻率仅为铂的几分之一。因此，铜电阻所用阻丝细且长，机械强度较差，热惯性较大，在温度高于 100 ℃以上或在腐蚀性介质中使用时，易氧化，稳定性较差。因此，铜电阻只能用于低温及无腐蚀性的介质中。

（二）热电阻传感器的结构

工业用热电阻的结构如图 2-19（a）所示，它由电阻体、瓷绝缘套管、不锈钢套管、引线和接线盒等部分组成。图 2-19（b）为常见热电阻传感器元件实物。

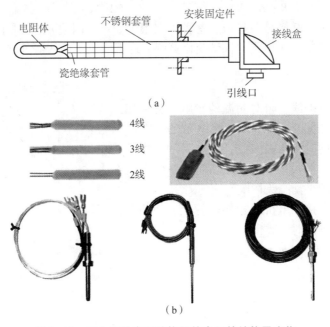

图 2-19　工业用热电阻结构及热电阻的结构及实物

电阻体由电阻丝和电阻支架组成。由于铂的电阻率大，而且相对机械强度较大，通常铝

铂丝直径为 0.03~（0.07±0.005）mm，可单层绕制，电阻体可做得很小，如图 2-20 所示。铜的机械强度较低，电阻丝的直径较大，一般为（0.1±0.005）mm 的漆包铜线或丝包线分层绕在骨架上，并涂上绝缘漆而成。由于铜电阻测量的温度低，一般多用双绕法，即先将铜丝对折，两根丝平行绕制，两个端头处于支架的同一端，这样工作电流从一根热电阻丝进入，从另一根丝反向出来，形成两个电流方向相反的线圈，其磁场方向也相反，产生的电感就互相抵消，故又称无感绕法。这种双绕法也有利于引线的引出。

图 2-20　热电阻的绕制

（三）热电阻传感器的测量电路

热电阻传感器的测量电路常用电桥电路，外界引线较长时，引线电阻的变化会使测量结果有较大误差，为减小误差，可采用三线制电桥连接法测量电路或四线制恒流源测量电路。

1. 两线制电桥测量电路

图 2-21 所示为两线制测量原理，由于仅用两根引线连接在热电阻两端，导线本身的阻值势必与热电阻的阻值串接在一起，造成测量误差。

在图 2-21 中，如果每根导线的阻值是 r，电桥平衡时，

$$(R_t+2r)R_2 = R_1R_3 \tag{2-9}$$

当采用等臂电桥时，

$$R_2 = R_1 \tag{2-10}$$

所以

$$R_t+2r = R_3 \tag{2-11}$$

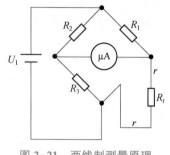

图 2-21　两线制测量原理

测量结果中必然含有绝对误差 $2r$。这种误差很难修正，因为 r 的值是随沿途环境温度而变化的，环境温度并非处处相同，且又变化莫测。这就注定了两线制连接方式不宜在工业热电阻上普遍使用。

2. 三线制电桥测量电路

为了避免或减少引线电阻对测温的影响，常采用三线制电桥测量电路，如图 2-22 所示。热电阻的一端与一根引线相连，另一端同时接两根引线。热电阻的三根导线粗细相同，长度相等，假设阻值均为 r。其中一根串接在电桥电源上，对电桥的平衡毫无影响。

另外两根分别串接在电桥的相邻桥臂上，使相邻桥臂的阻值都增加电桥平衡时，

$$(R_t+r)R_2 = R_1(R_3+r) \tag{2-12}$$

当采用等臂电桥时，

$$R_2 = R_1 \tag{2-13}$$

所以

$$R_t = R_3 \tag{2-14}$$

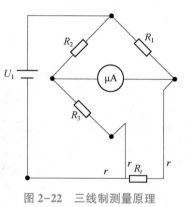

图 2-22　三线制测量原理

式（2-14）两边的 r 相互抵消，导线电阻 r 对测量毫无影响。

3. 四线制恒流源测量电路

图 2-23 所示为四线制恒流源测量电路。当恒流源提供的电流 I 流过热电阻 R_t 时，在 R_t 上产生压降用电位差计直接测出压降便可用欧姆定律求出 R_0，该电路供给电流和测量电压分别使用热电阻上的 4 根导线。虽然每根导线上都有电阻 r，但电流导线上形成的压降 rI 不在测量范围内，电压导线上虽有电阻，但无电流流过，所以 4 根导线的电阻 r 对测量都没有影响。但要注意因为电流流过导体时导体存在发热现象，所以供电电流不宜过大，一般在 0.6 mA 以下。精确测量时，通电电流为 0.25 mA。需要注意的是，无论三线制或四线制测量电路，都必须从热电阻感温体的根部引出导线，而不能从热电阻的接线端子上分出，如图 2-24 所示，否则同样会存在引线误差。

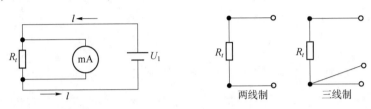

图 2-23 四线制恒流源测量电路   图 2-24 热电阻引线方式

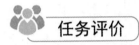

任务评价

以小组为单位，组内互相评价，占比 40%；指导教师评价，占比 60%。

序号	评价项目	评价内容	分值	学员互评 (40%)	教师评价 (60%)
1	专业能力 (70分)	课前任务一的完成情况（铂、铜热电阻的区别，分别适用的场合）	5		
2		课前任务二的完成情况（PT25 温度传感器具体位置及功能）	5		
3		正确选用工具及清点	5		
4		正确选用耗材	5		
5		正确查询和使用参考资料	5		
6		正确完成拆卸前的准备工作	5		
7		正确完成拆卸任务	10		
8		正确完成安装前的准备工作	5		
9		正确完成安装任务	10		
10		正确完成检查与测试任务	10		
11		清点、检查、维护工具和耗材，清扫和整理现场	5		

续表

序号	评价项目	评价内容	分值	学员互评（40%）	教师评价（60%）
12	职业素养（30分）	敬畏职责的安全作风	10		
13		严格按照"四严"要求执行	10		
14		认真负责的航空机务精神	10		
		得分	100		
姓名：		学号：	总得分：		评价人：

 学习体会

通过本次项目的实施，都学到了哪些技能与知识？小结一下。

_____

_____

_____

 思考练习

1. PT25 传感器组件中有两个_____，一个元件用于_____，另一个元件用于_____。EEC 向 PT25 传感元件提供一个_____。PT25 传感元件将_____转换成与_____成正比的电流。来自铂金元件_____传到 EEC。EEC 测定恒定输出电压和来自传感器的输入电压之间的差值。EEC 将差值转换成 HPC_____。

2. PT25 温度传感器属于哪一种温度传感器？位于发动机哪个位置？

3. 试说明热电阻传感器是如何进行测温的，解释热电阻效应。

4. 铂热电阻和铜热电阻有哪些区别？各适用于哪些场合？

拓展阅读

阅读一：温度传感器在飞机驾驶舱
风挡防冰系统中的应用

阅读二：温度传感器在飞机发动机
滑油指示系统中的应用

阅读三：膨胀式温度传感器

阅读四：动力强军 科技报国

项目三　航空压力测试

 项目描述

在飞行过程中，确保飞机系统能够正确地测量压力参数关乎飞行员和乘客的人身安全，因此，在飞机保养维修中需要对相关压力传感器进行维护与测试。根据工艺流程维护与测试压力传感器是航空从业者的一项基本职业能力要求。本项目包括识别、拆卸、安装、维护及检查滑油系统压力传感器、液压系统压力传感器、氧气系统压力传感器，查询动力参数表，上电测试上述三种航空用压力传感器等任务。

 学习目标

1. 知识目标

（1）掌握飞机常用压力传感器的名称、工作原理和功用；

（2）掌握飞机典型压力传感器的拆装与测试方法和使用注意事项；

（3）掌握常规压力传感器的相关基础理论知识。

2. 能力目标

（1）识别和使用飞机常用压力传感器；

（2）拆卸和安装飞机典型压力传感器；

（3）测试和保养飞机典型压力传感器。

3. 素质目标

（1）加强航空从业人员防范隐患的安全作风建设；

（2）养成实事求是的航空测试工作作风；

（3）培养干一行、爱一行的航空工匠精神。

"鲲鹏"机身数字化装配领军人

 学习导图

通过本项目中民航飞机滑油系统压力传感器、液压系统压力传感器、氧气系统压力传感器及常规压力传感器相关知识的学习，结合拓展阅读实现知识拓展，掌握航空压力测试相关知识。

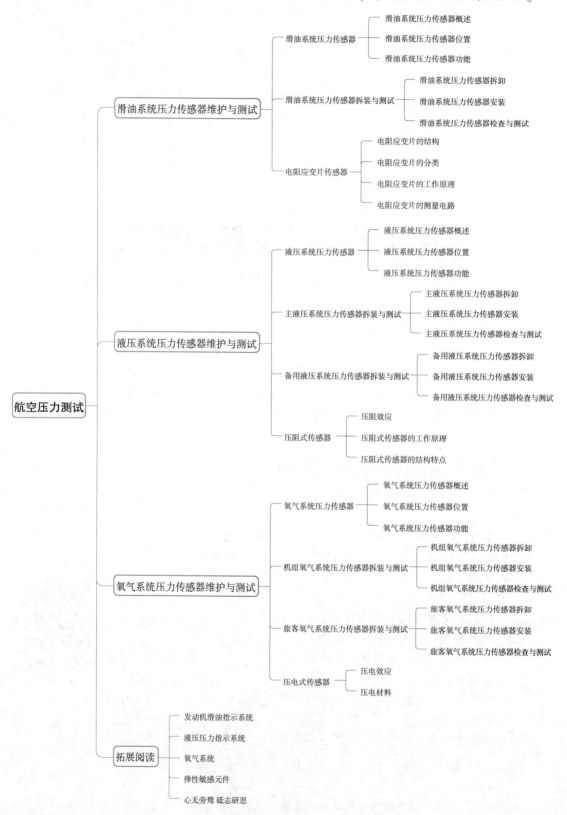

航空压力测试

- 滑油系统压力传感器维护与测试
  - 滑油系统压力传感器
    - 滑油系统压力传感器概述
    - 滑油系统压力传感器位置
    - 滑油系统压力传感器功能
  - 滑油系统压力传感器拆装与测试
    - 滑油系统压力传感器拆卸
    - 滑油系统压力传感器安装
    - 滑油系统压力传感器检查与测试
  - 电阻应变片传感器
    - 电阻应变片的结构
    - 电阻应变片的分类
    - 电阻应变片的工作原理
    - 电阻应变片的测量电路
- 液压系统压力传感器维护与测试
  - 液压系统压力传感器
    - 液压系统压力传感器概述
    - 液压系统压力传感器位置
    - 液压系统压力传感器功能
  - 主液压系统压力传感器拆装与测试
    - 主液压系统压力传感器拆卸
    - 主液压系统压力传感器安装
    - 主液压系统压力传感器检查与测试
  - 备用液压系统压力传感器拆装与测试
    - 备用液压系统压力传感器拆卸
    - 备用液压系统压力传感器安装
    - 备用液压系统压力传感器检查与测试
  - 压阻式传感器
    - 压阻效应
    - 压阻式传感器的工作原理
    - 压阻式传感器的结构特点
- 氧气系统压力传感器维护与测试
  - 氧气系统压力传感器
    - 氧气系统压力传感器概述
    - 氧气系统压力传感器位置
    - 氧气系统压力传感器功能
  - 机组氧气系统压力传感器拆装与测试
    - 机组氧气系统压力传感器拆卸
    - 机组氧气系统压力传感器安装
    - 机组氧气系统压力传感器检查与测试
  - 旅客氧气系统压力传感器拆装与测试
    - 旅客氧气系统压力传感器拆卸
    - 旅客氧气系统压力传感器安装
    - 旅客氧气系统压力传感器检查与测试
  - 压电式传感器
    - 压电效应
    - 压电材料
- 拓展阅读
  - 发动机滑油指示系统
  - 液压压力指示系统
  - 氧气系统
  - 弹性敏感元件
  - 心无旁骛 砥志研思

任务一　滑油系统压力传感器维护与测试

学习目标

1. 知识目标

（1）掌握滑油系统压力传感器基础知识；

（2）掌握电阻应变片式传感器基础知识；

（3）熟悉拓展阅读相关理论知识。

2. 能力目标

（1）正确拆卸滑油压力传感器；

（2）正确安装滑油压力传感器；

（3）完成滑油系统压力传感器测试及相关保养工作。

3. 素质目标

（1）加强航空从业人员质量安全作风建设；

（2）养成认真负责的航空职业素养；

（3）培养专一行、精一行的航空工匠精神。

专一行、精一行：永远
追求极致的"深海匠人"

任务导入

课前任务一：说说什么是应变效应，电阻应变片的工作原理是什么？

_____

_____

课前任务二：简述滑油压力传感器的具体位置及功能。

_____

_____

任务描述

　　小组成员按工单流程，查询相关参考资料，使用专用工具拆卸、安装、维护及检查发动机风扇壳体处滑油系统压力传感器，并根据动力参数表进行上电测试，使滑油压力指示系统能够正确测量及指示参数。

任务工单

　　详见任务工单 3-1-1。

一、滑油系统压力传感器

飞机压力测试部位　滑油压力指示系统

（一）概　述

滑油压力指示系统在一个中央显示装置（DU）上显示发动机滑油压力数据。一个滑油压力传感器测量润滑组件出口的滑油压力，滑油压力传感器通过 EEC 发送滑油压力数据到显示器电子组件。滑油压力传感器有两个传感器元件，每个元件经过插头连接到一个 EEC 通道。

（二）位　置

发动机滑油指示系统的部件都在风扇壳体左侧，安装在 10:00 位置的风扇进口壳体上。

（1）滑油压力传感器，在温度/压力（T/P）传感器组件上（10:00 位置）。

（2）滑油温度传感器，在 T/P 传感器组件上（10:00 位置）。

（3）滑油回油滤堵塞传感器，在滑油回油滤组件上（8:00 位置）。

（4）滑油量传感器在滑油箱（2:00 位置）上，风扇壳体右侧。图 3-1 所示为滑油压力传感器的位置，图 3-2 所示为滑油压力传感器的安装图。

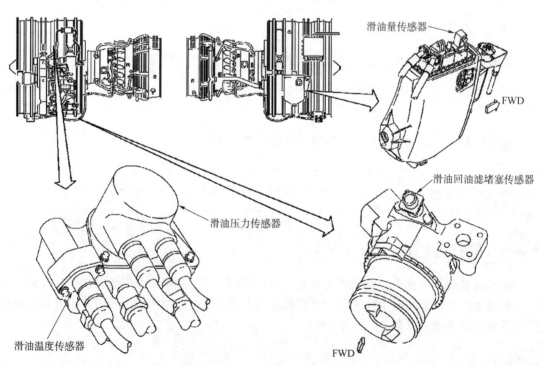

图 3-1　滑油压力传感器位置

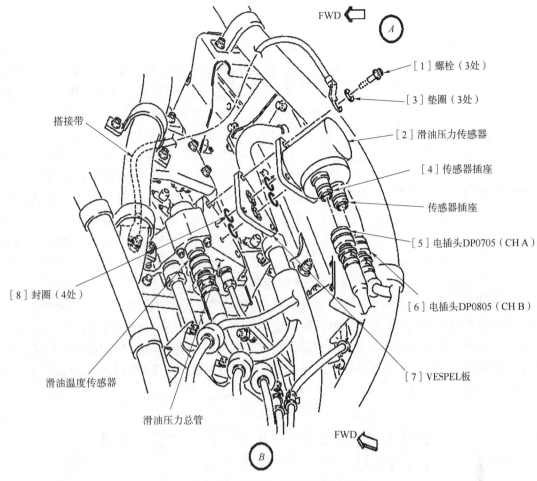

图3-2　滑油压力传感器安装图

图中标注：

FWD

A

[1] 螺栓（3处）

[3] 垫圈（3处）

[2] 滑油压力传感器

[4] 传感器插座

传感器插座

[5] 电插头DP0705（CH A）

[6] 电插头DP0805（CH B）

[7] VESPEL板

搭接带

[8] 封圈（4处）

滑油温度传感器

滑油压力总管

FWD

B

（三）功能

滑油压力传感器测量滑油供给泵出口（前油槽/TGB 滑油供应管）和 TGB 腔之间的压差。滑油压力传感器发送一个电气信号到 EEC，EEC 将该信号转为一个 ARINC429 信号并发送到 DEU，DEU 在副发动机显示器上显示滑油压力。

二、电阻应变片式传感器

滑油压力传感器属于力学传感器的一种，本节以 APU 滑油压力传感器为例介绍电阻应变片式压力传感器。

电阻应变片式传感器是一种利用电阻材料的应变效应，将工程结构件的内部变形转换为电阻变化的传感器，此类传感器主要是在弹性元件上通过特定工艺粘贴电阻应变片组成的。通过一定的机械装置将被测量转化为弹性元件的变形，然后由电阻应变片将变形转换为电阻的变化，再通过测量电路进一步将电阻的变化转换为电压或电流信号输出。可用于能量转化为变形的各种非电物理量的检测，如力、压力、加速度、力矩、重力等。

（一）电阻应变片的结构

电阻应变片的作用是把导体的机械应变转换为电阻的变化。如图3-3所示，电阻应变片的典型结构由敏感栅、基底、覆盖层和引线等部分组成。敏感栅由直径为0.01～0.05 mm、高电阻系数的细丝弯曲而成栅状，实际上是一个电阻元件，是电阻应变片感受构件应变的敏感部分。用粘接剂将敏感栅牢固地粘贴在绝缘基底上，两端通过引线引出，丝栅上面再粘贴一层绝缘保护膜。基底的作用应能保证将构件上的应变准确地传递到敏感栅上去，因此必须做得很薄，一般为0.03～0.06 mm，使它能与试件及敏感栅牢固地粘接在一起。另外基底还应有良好的绝缘性能、抗潮性能和耐热性能。

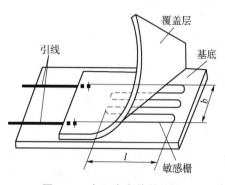

图3-3 电阻应变片的结构

在测试时，将应变片用粘接剂牢固地粘贴在被测试件的表面上，随着试件受力变形，应变片的敏感栅也获得同样的变形，从而使其电阻值随之发生变化，而此电阻的变化是与试件应变成比例的，因此如果通过一定的测量线路将这种电阻的变化转换为电压或电流的变化，然后再用显示记录仪表将其显示记录下来，就能求得被测试件应变量的大小。电阻应变片的测试原理如图3-4所示。

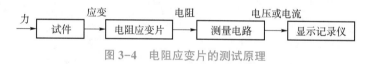

图3-4 电阻应变片的测试原理

它具有分辨率高、误差小、尺寸小、质量轻、测量范围大、可测量快速交变的应力、能在各种恶劣环境中工作、便于传输和记录、价格低廉、品种多样、便于选择和使用等优点。

（二）电阻应变片的分类

电阻应变片品种繁多，按其敏感栅不同可分为丝式应变片、箔式应变片和半导体应变片三大类，如图3-5所示；按用途可分为单向力测量应变片、平面应力分析应变片（应变花）及各种特殊用途应变片等，应变花的结构及形状如图3-6所示。

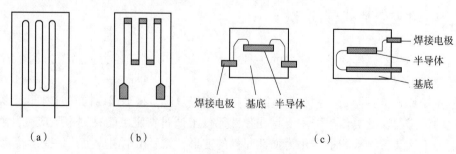

（a）   （b）   （c）

图3-5 电阻应变片的类型
（a）丝式；（b）箔式；（c）半导体

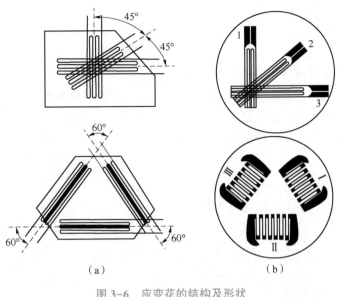

图 3-6 应变花的结构及形状

（a）丝式；（b）箔式

桥式测量电路

（三）电阻应变片的工作原理

电阻应变片式传感器是利用金属和半导体材料的"应变效应"进行工作的。金属和半导体材料的电阻值随它承受的机械变形大小而发生变化的现象称为"应变效应"。

当电阻丝受到拉力时，其阻值发生变化。材料电阻值的变化，一是因受力后材料几何尺寸发生了变化；二是因受力后材料的电阻率也发生了变化。

根据电阻的定义，有

$$R = \rho \frac{l}{A} \qquad (3-1)$$

式中，ρ 为电阻丝的电阻率（$\Omega \cdot m$）；l 为电阻丝的长度（m）；A 为电阻丝截面积（m^2）。

材料的几何尺寸形变所引起的变化称为几何效应；材料的电阻率引起的变化称为压阻效应。实验表明，金属导体主要取决于几何效应，半导体主要取决于压阻效应。

当我们将金属丝做成电阻应变片后，电阻应变特性与金属丝是不同的。实验证明，电阻的相对变化 $\Delta R/R$ 与应变 ε 的关系在很大范围内仍然有很好的线性关系。电阻的相对变化与应变成正比，从而可以通过测量电阻的变化得知金属材料应变的大小。即

$$\frac{\Delta R}{R} = k\varepsilon \qquad (3-2)$$

式中，k 为电阻应变片的灵敏度系数。k 值恒小于金属丝的灵敏度系数，究其原因，除了应变片使用时胶体粘贴传递变形失真外，另一重要原因是存在横向效应。

（四）电阻应变片的测量电路

电阻应变片式传感器输出电阻的变化较小，要精确地测量出这些微小电阻的变化，常采

用桥式测量电路。根据电桥电源的不同，电桥可分为直流电桥和交流电桥，可采用恒压源或恒流源供电。由于直流电桥比较简单，交流电桥原理与它相似，本节只分析直流电桥的工作原理。

1. 直流电桥的工作原理

图 3-7 所示为直流电桥的测量电路。其特点是，当被测量无变化时，电桥平衡，输出为零。当被测量发生变化时，电桥平衡被打破，有电压输出，输出的电压与被测量的变化成比例。电桥的输出电压为

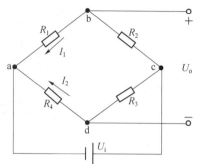

$$U_o = U_{ba} - U_{da} = \frac{R_1R_3 - R_2R_4}{(R_1+R_3)(R_2+R_4)}U_i \quad (3-3)$$

当输出电压为零时，电桥平衡，因此有

$$R_1R_3 - R_2R_4 = 0 \text{ 或 } \frac{R_1}{R_4} = \frac{R_2}{R_3} \quad (3-4)$$

为了获得最大的电桥输出，在设计时常使 $R_1 = R_2 = R_3 = R_4 = R$（称为等臂电桥）。当 4 个桥臂电阻都发生变化时，电桥的输出为

图 3-7 应变片基本测量电路

$$U_o = \frac{U_i}{4}\left(\frac{\Delta R_1}{R_1} - \frac{\Delta R_2}{R_2} + \frac{\Delta R_3}{R_3} - \frac{\Delta R_4}{R_4}\right) = \frac{kU_i}{4}(\varepsilon_1 - \varepsilon_2 + \varepsilon_3 - \varepsilon_4) \quad (3-5)$$

2. 直流电桥的类型

根据电桥工作桥臂的不同，分为单臂电桥、差动双臂电桥（半桥）和差动全桥三种类型。

（1）单臂电桥：如图 3-8（a）所示，电桥 4 个桥臂中只有一个为应变片，设 $\Delta R_1 = \Delta R$，$R_1 = R_2 = R_3 = R_4 = R$，此时电桥的输出电压为

$$U_o = \frac{1}{4}\frac{\Delta R}{R}U_i = \frac{1}{4}k\varepsilon U_i \quad (3-6)$$

（2）差动双臂电桥：如图 3-8（b）所示，电桥的相邻两个桥臂为应变片工作桥臂，其中一个受拉，一个受压。桥臂电阻变化大小相等，方向相反，设均为 ΔR，则电桥的输出电压为

$$U_o = \frac{1}{2}\frac{\Delta R}{R}U_i = \frac{1}{2}k\varepsilon U_i \quad (3-7)$$

（3）差动全桥：如图 3-8（c）所示，电桥的 4 个桥臂均为应变片工作桥臂，相邻两个桥臂其中一个受拉，一个受压。桥臂电阻变化大小相等，方向相反，设均为 ΔR，则电桥的输出电压为

$$U_o = \frac{\Delta R}{R}U_i = k\varepsilon U_i \quad (3-8)$$

由以上分析可知，双臂电桥输出灵敏度是单臂电桥的两倍，全桥输出是双臂电桥的两倍。并且采用双臂和全桥测量时，可以补偿由于温度变化引起的测量误差。

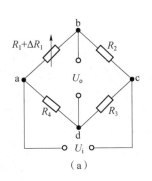 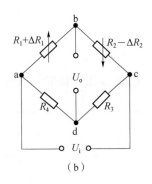 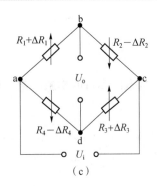

图 3-8　电桥测量电路

（a）单臂电桥；（b）双臂电桥；（c）全桥

 任务评价

以小组为单位，组内互相评价，占比 40%；指导教师评价，占比 60%。

序号	评价项目	评价内容	分值	学员互评（40%）	教师评价（60%）
1	专业能力（70分）	课前任务一的完成情况（应变效应，电阻应变片的工作原理）	5		
2		课前任务二的完成情况（滑油压力传感器具体位置及功能）	5		
3		正确选用工具及清点	5		
4		正确选用耗材	5		
5		正确查询和使用参考资料	5		
6		正确完成拆卸前的准备工作	5		
7		正确完成拆卸任务	10		
8		正确完成安装前的准备工作	5		
9		正确完成安装任务	10		
10		正确完成检查与测试任务	10		
11		清点、检查、维护工具和耗材，清扫和整理现场	5		
12	职业素养（30分）	严格防范隐患的要求	10		
13		实事求是的工作作风	10		
14		干一行、爱一行的航空工匠精神	10		
		得分	100		
姓名：	学号：		总得分：		评价人：

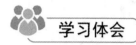

通过本次项目的实施，都学到了哪些技能与知识？小结一下。

_____

_____

_____

（1）滑油压力传感器有_____个传感器元件，位于发动机_____位置。

（2）什么是应变效应？

（3）简述直流电桥的类型，每种类型输出电压是多少？

（4）发动机滑油指示系统部件有哪几个传感器？

（5）简述电阻应变片式传感器的工作原理。

任务二　液压系统压力传感器维护与测试

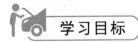

学习目标

1. 知识目标

（1）掌握液压系统压力传感器基础知识；

（2）掌握压阻式压力传感器基础知识；

（3）熟悉拓展阅读相关理论知识。

2. 能力目标

（1）正确拆卸主、备用液压系统压力传感器；

（2）正确安装主、备用液压系统压力传感器；

（3）完成主、备用液压系统压力传感器测试及相关保养工作。

3. 素质目标

（1）加强航空从业人员预防为主、安全第一的安全作风建设；

（2）养成耐心细致的航空职业素养；

（3）培养务实肯干的航空工匠精神。

务实肯干

任务导入

课前任务一：什么是压阻效应？简述压阻效应与应变效应的关系。

_____

_____

课前任务二：简述主、备用液压系统压力传感器的具体位置及功能。

_____

_____

_____

任务描述

　　小组成员按工单流程，查询相关参考资料，使用专用工具拆卸、安装、维护及检查飞机主起落架轮舱处主、备用液压系统压力传感器，并根据动力参数表进行上电测试，使压力传感器监控系统能够正确测量及指示参数。

任务工单

主液压系统详见任务工单3-2-1。

备用液压系统详见任务工单3-2-2。

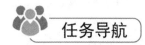任务导航

一、液压系统压力传感器

飞机液压系统

（一）概述

主液压系统 A 和 B 的压力传感器用于向驾驶舱传送压力信息。每个液压系统压力传感器都是一个带活塞、盘簧和电门的密封组件。系统 A 和 B 的压力传感器是类似组件。系统压力传感器是可互换的，压力值是不可调节的。

（二）位置

主液压系统 A 和 B 的压力传感器安装在主起落架轮舱前隔框内的液压系统 A 和 B 压力组件上，可通过左轮舱接近系统 A 传感器以及通过右轮舱接近系统 B 传感器。备用液压系统压力传感器位于主起落架轮舱前隔板上，可通过左轮舱接近备用系统压力传感器。图 3-9 所示为主液压系统压力传感器的位置，图 3-10、图 3-11 所示为主液压系统 A 和 B 压力传感器安装图，图 3-12 所示为备用液压系统压力传感器安装图。

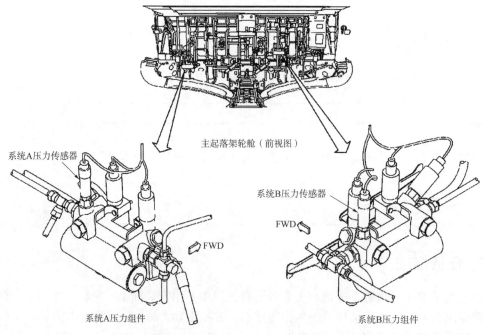

图 3-9　主液压系统压力传感器位置

（三）功能

压力传感器监控系统压力并将信号传送至电子设备舱内的 DEU，DEU 将数据传送至驾驶舱内的通用显示系统。

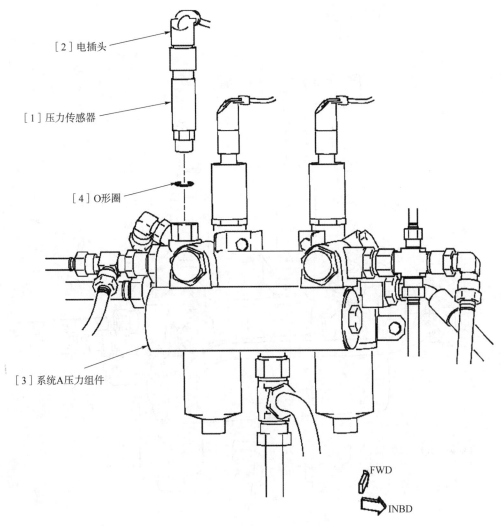

[2]电插头

[1]压力传感器

[4]O形圈

[3]系统A压力组件

FWD

INBD

图 3-10 主液压系统 A 压力传感器安装图

二、压阻式传感器

随着半导体技术的发展，压力传感器正在向半导体化和集成化方向发展。压阻式压力传感器采用集成工艺将电阻条集成在单晶硅膜片上，制成硅压阻芯片，并将此芯片的周边固定封装于外壳之内，引出电极引线。压阻式压力传感器又称为固态压力传感器，也叫扩散型压阻式传感器。本节介绍固态压阻式传感器。

（一）压阻效应

固态压阻式传感器是利用固体的压阻效应制成的，主要用于测量压力、加速度和载荷等参数。固态压阻式传感器有两种类型：一种是利用半导体材料的体电阻做成粘贴式应变片；另一种是在半导体的基片上用集成电路工艺制成扩散型压敏电阻。所谓压阻效应，就是指半导体材料受外力或应力作用时，其电阻率发生变化的现象。

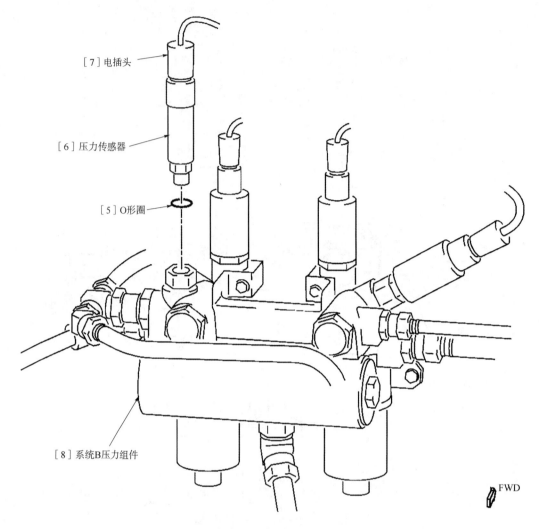

[7] 电插头

[6] 压力传感器

[5] O形圈

[8] 系统B压力组件

FWD

图 3-11　主液压系统 B 压力传感器安装图

（二）压阻式传感器的工作原理

压阻式压力传感器的压力敏感元件是压阻元件，它是基于压阻效应工作的。所引起的电阻相对变化为

$$\frac{\Delta R}{R} = \frac{\Delta \rho}{\rho} = \pi \sigma = \pi E \varepsilon \qquad (3-9)$$

式中，ρ 为半导体材料的电阻率；$\Delta \rho$ 为电阻率的变化量；E 为材料的弹性模量；π 为沿某晶向的压阻系数；σ、ε 为沿某晶向的应力、应变。

半导体材料的压阻效应是由于在外力作用下，原子点阵排列发生变化，即晶格间距改变，导致载流子迁移率及载流子浓度的变化，从而引起电阻率的变化，利用压阻效应制成的压阻式传感器，可用于压力、加速度、应变、拉力、流量等参数的测量。

影响压阻系数的因素主要是扩散电阻的表面杂质浓度和温度。表面杂质浓度增加时，压阻系数就会减小。表面杂质浓度低时，随温度的升高则压阻系数下降得快；表面杂质浓度高

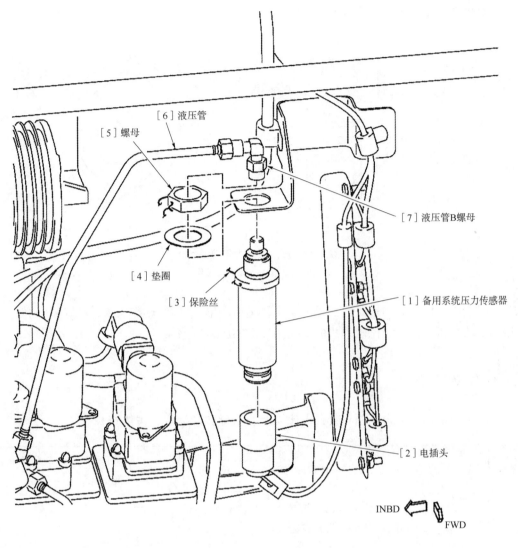

图 3-12 备用液压系统压力传感器安装图

时，随温度的升高使压阻系数下降得慢。由于半导体是各向异性材料，因此它的压阻系数不仅与掺杂浓度、温度有关，还与材料类型和晶向有关。

（三）压阻式传感器的结构特点

图 3-13 所示为压阻式压力传感器的结构。压阻芯片采用周边固定的硅杯结构，封装在外壳内。在一块圆形的单晶硅膜片上，用半导体工艺中的扩散掺杂法做 4 个等值电阻，其中两个位于受压应力区，另外两个位于受拉应力区，它们组成一个全桥测量电路。硅膜片用一个圆形硅杯固定，两边有两个压力腔，一个和被测压力相连，为高压腔；另一个是低压腔，为参考压力，通常和大气相通。当存在压差时，膜片产生形变，使两对电阻阻值发生变化，

电桥失去平衡，其输出电压反映膜片两边承受的压差大小。

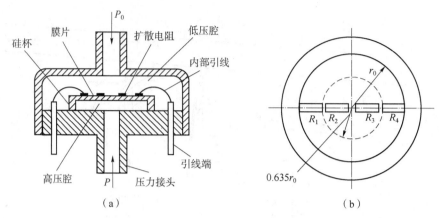

图 3-13　压阻式压力传感器结构

（a）内部结构；（b）硅膜片

　　压阻式压力传感器的主要优点是体积小，结构简单，动态响应好，灵敏度高，能测出十几帕斯卡的微压，是一种比较理想的、应用较广的压力传感器。

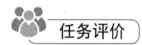 任务评价

　　以小组为单位，组内互相评价，占比 40%；指导教师评价，占比 60%。

序号	评价项目	评价内容	分值	学员互评 (40%)	教师评价 (60%)
1	专业能力 (70分)	课前任务一的完成情况（压阻效应，压阻效应与应变效应的关系）	5		
2		课前任务二的完成情况（主、备用液压系统压力传感器具体位置及功能）	5		
3		正确选用工具及清点	5		
4		正确选用耗材	5		
5		正确查询和使用参考资料	5		
6		正确完成拆卸前的准备工作	5		
7		正确完成拆卸任务	10		
8		正确完成安装前的准备工作	5		
9		正确完成安装任务	10		
10		正确完成检查与测试任务	10		
11		清点、检查、维护工具和耗材，清扫和整理现场	5		

续表

序号	评价项目	评价内容	分值	学员互评 （40%）	教师评价 （60%）
12	职业素养 （30分）	严格遵守预防为主，安全第一的要求	10		
13		耐心细致的航空职业素养	10		
14		务实肯干的航空工匠精神	10		
		得分	100		
姓名：		学号：		总得分：	评价人：

学习体会

通过本次项目的实施，都学到了哪些技能与知识？小结一下。

_____

_____

_____

思考练习

（1）什么是压阻效应？

（2）简述主、备用液压系统压力传感器的具体位置及功能。

（3）简述影响压阻系数的因素。

（4）简述主液压系统和备用液压系统之间的关系。

任务三　氧气系统压力传感器维护与测试

 **学习目标**

1. 知识目标

（1）掌握氧气系统压力传感器基础知识；

（2）掌握压电式传感器基础知识；

（3）熟悉拓展阅读相关理论知识。

2. 能力目标

（1）正确拆卸机组、旅客氧气系统压力传感器；

（2）正确安装机组、旅客氧气系统压力传感器；

（3）完成机组、旅客氧气系统压力传感器测试及相关保养工作。

3. 素质目标

（1）加强航空从业人员敬畏职责的安全作风建设；

（2）养成遵章守纪的航空职业素养；

（3）培养坚持不懈的航空敬业精神。

坚持不懈：中信
重工炼钢工人

任务导入

课前任务一：简述氧气系统的作用。

_____

_____

课前任务二：简述机组、旅客氧气系统压力传感器的具体位置及氧气发生器的作用。

_____

_____

_____

 任务描述

　　小组成员按工单流程，查询相关参考资料，使用专用工具拆卸、安装、维护及检查飞机氧气瓶的机组、旅客氧气压力传感器，并根据动力参数表进行上电测试，使飞机氧气系统能够正确测量及指示压力参数。

 任务工单

　　机组氧气系统详见任务工单3-3-1。

　　旅客氧气系统详见任务工单3-3-2。

任务导航

一、氧气系统压力传感器

（一）概述

氧气系统压力传感器是一个固态电子装置，使用一个压电晶体将该气压压力转化为一个电信号。机组氧气系统独立于其他系统操作，是一个高压气体系统，高压气态氧装在电子设备舱内的一个氧气瓶内，总管向机组氧气面罩供氧。旅客供氧系统使用化学氧气发生器，化学氧气发生器是独立的，发生器产生的氧气流经柔性供给软管到旅客氧气面罩面，旅客供氧系统使用气态氧。

（二）位置

机组氧气瓶在电子设备舱内，横向架的右下角区域内，压力传感器在氧气瓶接头上。旅客氧气瓶在后货舱内氧气瓶架上，压力传感器在氧气瓶接头上。图 3-14、图 3-15 所示为机组、旅客氧气压力传感器所在位置，图 3-16、图 3-17 所示为机组、旅客氧气压力传感器安装图。

氧气系统压力
传感器

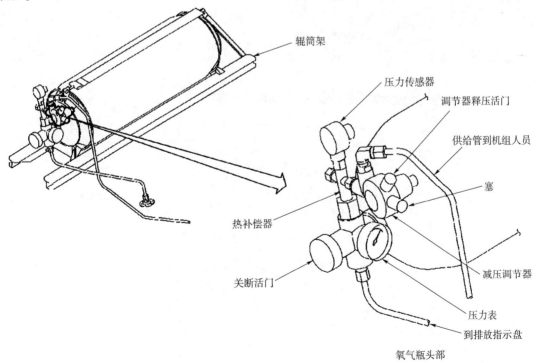

图 3-14　机组氧气压力传感器位置

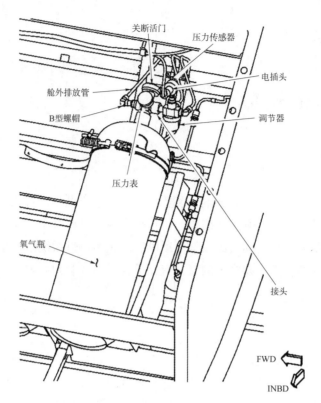

关断活门　压力传感器

舱外排放管

B型螺帽

电插头

调节器

压力表

氧气瓶

接头

FWD

INBD

图 3-15　旅客氧气压力传感器的位置

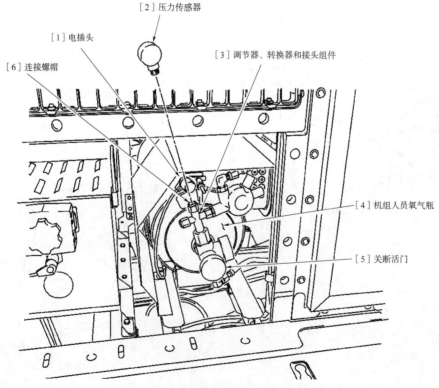

［2］压力传感器

［1］电插头

［3］调节器、转换器和接头组件

［6］连接螺帽

［4］机组人员氧气瓶

［5］关断活门

图 3-16　机组氧气压力传感器安装图

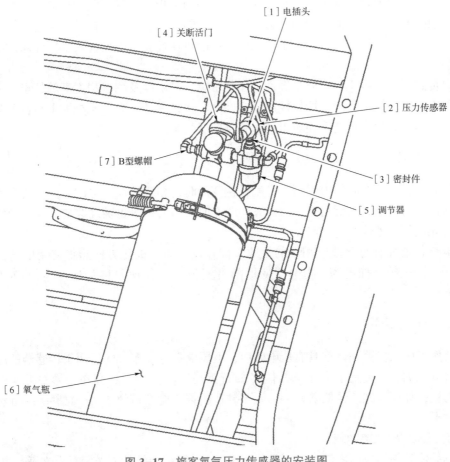

图 3-17 旅客氧气压力传感器的安装图

图中标注：
[1] 电插头
[4] 关断活门
[2] 压力传感器
[3] 密封件
[7] B型螺帽
[5] 调节器
[6] 氧气瓶

（三）功能

如图 3-18 所示，压力传感器测量氧气瓶内的压力，压力传感器将氧气瓶压力信号提供给飞行机组人员氧气压力指示器和远端加注面板氧气压力指示器。

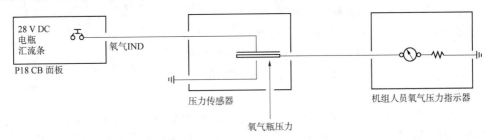

图 3-18 氧气压力传感器工作原理

二、压电式传感器

压电式传感器是一种典型的有源传感器，它以某些电介质的压电效应为基础，在外力作用下，材料受力变形时，其表面会有电荷产生，从而实现非电量检测的目的。压电敏感元件是一种力敏感元件，凡是能够变换为力的物理量，如应力、压力、振动、加速度等，均可进行测量，但不能用于静态力测量。由于压电效应的可逆性，压电元件又常用作超声波的发射与接收装置。

压电传感器具有体积小、质量轻、工作频带宽、灵敏度及测量精度高等特点，又由于没有运动部件，因此结构坚固、可靠性和稳定性高。在各种动态力、机械冲击与振动测量，以及声学、医学、力学、宇航等领域得到越来越广泛的应用。

（一）压电效应

某些晶体受一定方向外力作用而发生机械变形时，相应地在一定的晶体表面产生符号相反的电荷，外力去掉后电荷消失，力的方向改变时电荷的符号也随之改变，这种现象称为压电效应（正向压电效应）。

压电材料还具有与此效应相反的效应，即在电介质的极化方向施加交变电场，会产生机械变形，当去掉外加电场，电介质变形随之消失，这种现象称为逆压电效应（电致伸缩效应）。

（二）压电材料

在自然界中大多数晶体都具有压电效应，但压电效应大多微弱。用于传感器的压电材料或元件可分三类：一类是单晶压电晶体（如石英晶体）——天然存在；另一类是极化的多晶压电陶瓷，如钛酸钡、锆钛酸钡——人工制造；第三类是高分子压电材料——近年来发展的新型材料。

1. 石英晶体的压电效应

石英晶体是一种应用广泛的压电晶体。图 3-19 所示为天然石英晶体的外形，为规则的正六角棱柱体。石英晶体有三个相互垂直的晶轴：z 轴——光轴，它与晶体的纵轴线方向一致，该轴方向上没有压电效应；x 轴——电轴，它通过六面体相对的两个棱线并垂直于光轴，垂直于该轴晶面上的压电效应最明显；y 轴——机械轴，它垂直于两个相对的晶柱棱面，在电场作用下，沿此轴方向的机械变形最明显。

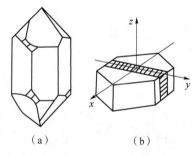

石英晶体的介电常数和压电系数的温度稳定性相当好，机械强度很高，绝缘性能也相当好，一般作为标准传感器或高精度传感器中的压电元件，比压电陶瓷昂贵。

图 3-19 天然石英晶体外形
（a）外形；（b）坐标轴

2. 压电陶瓷的压电效应

压电陶瓷是人工制造的一种多晶压电体，由无数个单晶组成，各个单晶的自发极化方向是任意排列的，如图 3-20（a）所示，因此，虽然每个单晶具有强的压电性质，但组成多晶后，各个单晶的压电效应却互相抵消了，所以，原始的压电陶瓷是一个非压电体，不具有压电效应。为了使压电陶瓷具有压电效应，就必须进行极化处理。所谓极化处理，就是在一定的温度条件下，对压电陶瓷施加强电场，使极性轴转动到接近电场方向，规则排列，如图 3-20（b）所示，这个方向就是压电陶瓷的极化方向，这时压电陶瓷就具有了压电性，在极化电场去除后，留下了很强的剩余极化强度。当压电陶瓷受到力的作用时，极化强度就会发生变化，在垂直于极化方向的平面上就会出现电荷。

图 3-20 压电陶瓷的极化

（a）极化前；（b）极化后

3. 高分子压电材料

高分子压电材料是一种新型材料，有聚偏二氟乙烯（PVF2）、聚偏氟乙烯（PVDF）、聚氟乙烯（PVF）、改性聚氟乙烯（PVC）等，其中以 PVF2 和 PVDF 的压电系数最高，有的材料比压电陶瓷还要高几十倍，其输出脉冲电压有的可以直接驱动 CMOS 集成门电路。高分子压电材料的最大特点是具有柔软性，可根据需要制成薄膜或电缆套管等形状，经极化处理后出现压电特性。它不易破碎，具有防水性，动态范围宽，频响范围大，但工作温度不高，机械强度也不高，容易老化，因此常用于对测量精度要求不高的场合，如水声测量、防盗、振动测量等方面。

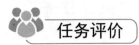 **任务评价**

以小组为单位，组内互相评价，占比 40%；指导教师评价，占比 60%。

序号	评价项目	评价内容	分值	学员互评（40%）	教师评价（60%）
1	专业能力（70分）	课前任务一的完成情况（飞机氧气系统的作用）	5		
2		课前任务二的完成情况（机组、旅客氧气压力传感器具体位置，氧气发生器的作用）	5		
3		正确选用工具及清点	5		
4		正确选用耗材	5		
5		正确查询和使用参考资料	5		
6		正确完成拆卸前的准备工作	5		
7		正确完成拆卸任务	10		
8		正确完成安装前的准备工作	5		
9		正确完成安装任务	10		
10		正确完成检查与测试任务	10		
11		清点、检查、维护工具和耗材，清扫和整理现场	5		

续表

序号	评价项目	评价内容	分值	学员互评（40%）	教师评价（60%）
12	职业素养（30分）	敬畏职责的安全作风	10		
13		遵章守纪的航空职业素养	10		
14		坚持不懈的航空敬业精神	10		
		得分	100		
姓名：		学号：	总得分：		评价人：

 学习体会

通过本次项目的实施，都学到了哪些技能与知识？小结一下。

 思考练习

（1）简述飞机氧气系统的作用。
（2）简述机组、旅客氧气压力传感器的具体位置。
（3）简述氧气发生器的作用。
（4）解释正向压电效应和逆向压电效应。
（5）何谓极化处理？

 拓展阅读

阅读一：发动机滑油指示系统　　阅读二：液压压力指示系统

阅读三：氧气系统　　阅读四：弹性敏感元件　　阅读五：心无旁骛 砥志研思

项目四　航空速度测试

 项目描述

压气机、涡轮轴的转速是发动机性能指标的关键参数。发动机在工作时，转速测量要求精度高、性能稳定、工作可靠，因此，在飞行周期内需要对相关速度传感器进行维护与测试。根据工艺流程维护与测试速度传感器是航空从业者的一项基本职业能力要求。本项目包括识别、拆卸、安装、维护及检查发动机 N1、N2 速度传感器，防滑机轮速度传感器，查询动力参数表，上电测试上述三种航空用速度传感器等任务。

 学习目标

1. 知识目标

（1）掌握飞机常用速度传感器的名称、工作原理和功用；

（2）掌握飞机典型速度传感器的拆装与测试方法和使用注意事项；

（3）掌握常规速度传感器的相关基础理论知识。

2. 能力目标

（1）识别和使用飞机典型速度传感器；

（2）拆卸和安装飞机典型速度传感器；

（3）测试和保养飞机典型速度传感器。

3. 素质目标

（1）加强航空从业人员敬畏规章的安全作风建设；

（2）养成敬业奉献的航空测试职业操守；

（3）培养精雕细琢的航空敬业精神。

奇思妙想为飞机
"心脏"做手术

通过本项目中民航飞机发动机 N1、N2 速度传感器，防滑机轮速度传感器及常规速度传感器相关知识的学习，结合拓展阅读补充相关知识，掌握航空速度测试相关知识。

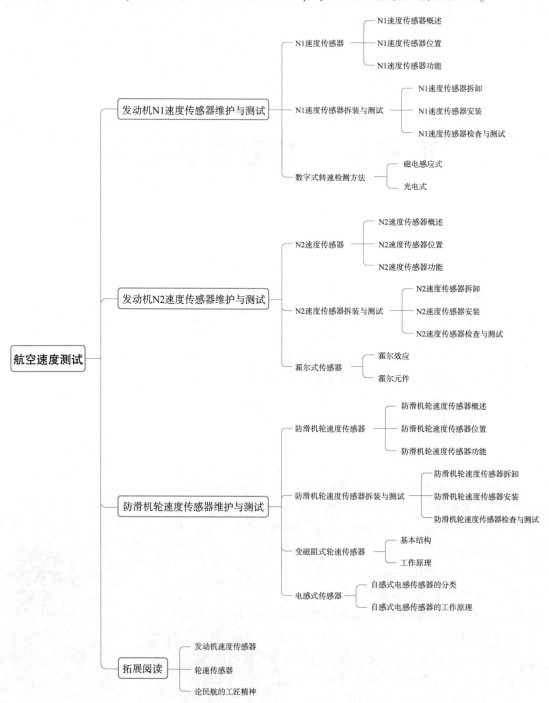

任务一　发动机 N1 速度传感器维护与测试

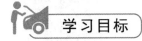

学习目标

1. 知识目标

（1）掌握发动机 N1 速度传感器基础知识；

（2）掌握数字式转速检测方法；

（3）熟悉拓展阅读相关理论知识。

2. 能力目标

（1）正确拆卸发动机 N1 速度传感器；

（2）正确安装发动机 N1 速度传感器；

（3）完成发动机 N1 速度传感器测试及相关保养工作。

3. 素质目标

（1）加强航空从业人员航空测试安全操作意识；

（2）养成严谨科学的航空测试职业素养；

（3）培养严守专长的航空工匠精神。

守专长：这个"钳工状元"有点轴宋体

任务导入

课前任务一：简述转速的常用测量方法。

_____

_____

_____

课前任务二：简述发动机 N1 速度传感器的具体位置及功能。

_____

_____

_____

任务描述

　　小组成员按工单流程，查询相关参考资料，使用专用工具拆卸、安装、维护及检查发动机低压压气机转子的 N1 速度传感器，并根据动力参数表进行上电测试，使 N1 速度传感器能够正确测量及指示转速参数。

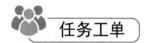

详见任务工单4-1-1。

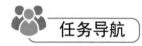

发动机性能
参数指标

一、N1速度传感器

（一）概述

如图4-1所示，N1为发动机低压转子（风扇）转速，N2为发动机高压转子转速。发动机速度传感器将模拟频率信号传送到两个电子设备显示器。通常，DEU将发动机电子控制器中的N1和N2数据显示在中央显示装置上。当EEC断电时，DEU显示发动机速度传感器中的模拟输入，DEU还通过通用汇流条和发动机EEC汇流条将N1和N2数据传送到其他飞机系统。

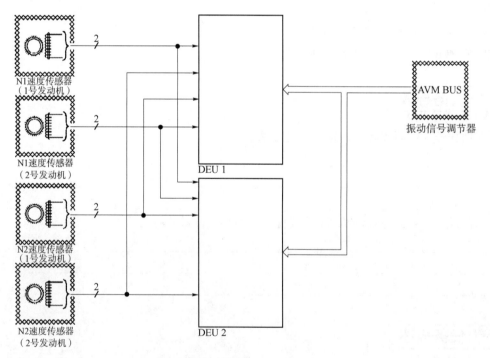

图4-1　N1、N2速度传感器显示

（二）位置

N1 速度传感器位于发动机右侧，油箱后面。当传感器在发动机上时，只能看见带电插头的罩壳，打开右风扇整流罩可见 N1 速度传感器。N1 传感器在端部有三个独立传感器元件，每个传感器元件有一个电极件和一个缠绕磁铁的电气线圈，N1 传感器有三个电插头，两个阻尼器防止传感器振动。图 4-2 所示为 N1 速度传感器的位置，图 4-3、图 4-4 为 N1 速度传感器安装图。

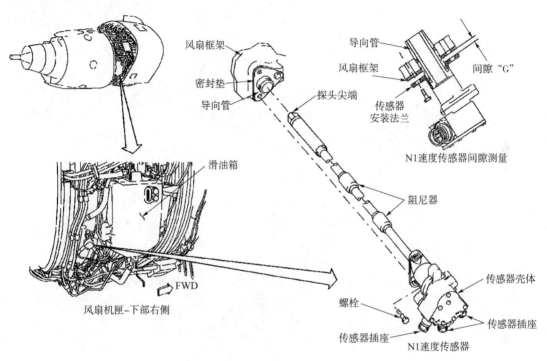

图 4-2　N1 速度传感器的位置

（三）功能

N1 速度传感器将低压转子转速信号提供给 EEC、DEU、AVM 信号调节器等部件。

二、数字式转速检测方法

目前转速的测量以数字脉冲式测量方法为主流，其测量方法基本上都是在被测转轴上装一个转盘（称为调制盘），盘上有一个或数个能使检测装置敏感的标志，如齿、槽、孔、狭缝、磁铁、反光条等，当标志经过检测装置时便产生输出脉冲。测量基于测频计数原理，即在指定的时间 T 内，对转速检测装置的输出脉冲信号进行计数。若在时间 $T(s)$ 内计数值为 N，转速检测装置每周产生的脉冲数为 Z，则被测转速 n 为

$$n = \frac{60N}{ZT} = \frac{60}{Z}f \qquad (4-1)$$

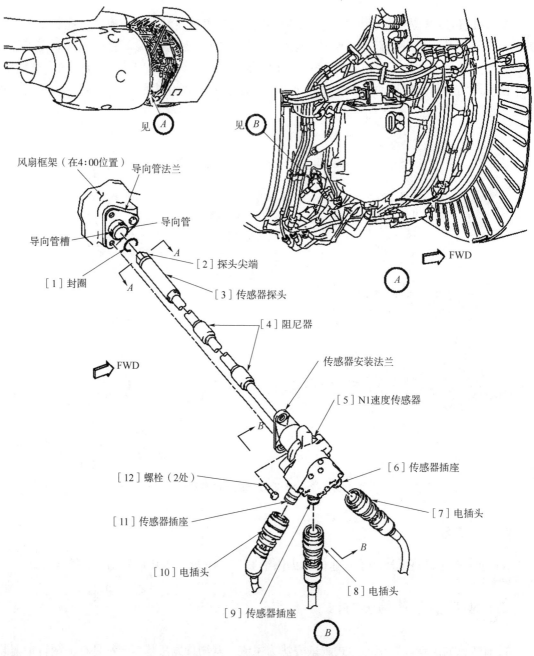

图 4-3　N1 速度传感器安装图（一）

式中，f 为检测装置脉冲信号频率。可见，测定检测装置脉冲信号频率 f 就可求出转速 n。

将转速转换为脉冲信号进行测量的方法有很多，如磁电感应式、霍尔式、光电式，等等。

（一）磁电感应式

图 4-5 所示为磁电感应式转速检测装置原理，其中图 4-5（a）为闭磁路变磁通式，它

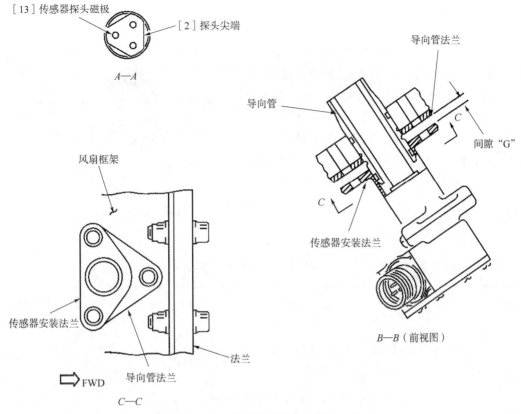

图 4-4　N1 速度传感器安装图（二）

由装在转轴上的内齿轮和外齿轮、永久磁铁和感应线圈组成，内外齿轮齿数相同。在测量时，转轴与被测轴连接，外齿轮不动，内齿轮随被测轴转动。内外齿轮的相对转动使气隙磁阻产生周期性变化，从而引起磁路中磁通的变化，在感应线圈中产生频率与被测转速成正比的感生电动势。经放大、整形成计数脉冲送入计数器，求出转速。

图 4-5（b）所示为开磁路变磁通式，线圈、磁铁静止不动，开有 Z 个齿的调制盘安装在被测转轴上随之转动，每转动一个齿，齿的凹凸引起磁路磁阻变化一次，从而在感应线圈中产生感应电动势，其变化频率与被测转速与齿数 Z 的乘积成正比。开磁路变磁通式结构简单，但输出信号较小。

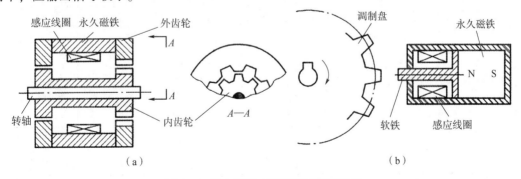

图 4-5　磁电感应式转速检测装置原理

（a）闭磁路变磁通式；（b）开磁路变磁通式

（二）光电式

图 4-6 所示为光电式转速测量原理。测量系统由装在被测轴（或与被测轴相连的输入轴）上的带狭缝的圆盘、光源、光敏器件等组成。光源发出的光透过缝隙照射到光敏器件上，当缝隙圆盘随被测轴转动时，圆盘每转一周，光电器件输出与圆盘缝隙数相等的电脉冲。若按 90°相位差安放两个相同的光敏器件，则根据输出脉冲信号的相位差就可以测出转动方向。

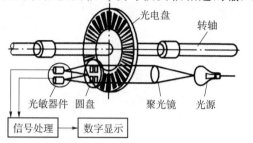

图 4-6　光电式转速测量原理

 **任务评价**

以小组为单位，组内互相评价，占比 40%；指导教师评价，占比 60%。

序号	评价项目	评价内容	分值	学员互评（40%）	教师评价（60%）
1		课前任务一的完成情况（转速的常用测量方法）	5		
2		课前任务二的完成情况（N1 速度传感器具体位置及功能）	5		
3		正确选用工具及清点	5		
4		正确选用耗材	5		
5	专业能力（70分）	正确查询和使用参考资料	5		
6		正确完成拆卸前的准备工作	5		
7		正确完成拆卸任务	10		
8		正确完成安装前的准备工作	5		
9		正确完成安装任务	10		
10		正确完成检查与测试任务	10		
11		清点、检查、维护工具和耗材，清扫和整理现场	5		
12		严格按照规章安全操作	10		
13	职业素养（30分）	严谨科学的求实态度	10		
14		严守专长的航空工匠精神	10		
得分			100		
姓名：	学号：		总得分：		评价人：

学习体会

通过本次项目的实施，都学到了哪些技能与知识？小结一下。

_____

_____

_____

思考练习

（1）简述发动机 N1 速度传感器的具体位置及其功能。

（2）基于测频计数原理的传感器如何测量转速？

（3）光电式转速检测方法的原理是什么？

任务二　发动机 N2 速度传感器维护与测试

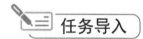 **学习目标**

1. 知识目标

（1）掌握发动机 N2 速度传感器基础知识；

（2）掌握霍尔式传感器基础知识；

（3）熟悉拓展阅读相关理论知识。

2. 能力目标

（1）正确拆卸发动机 N2 速度传感器；

（2）正确安装发动机 N2 速度传感器；

（3）完成发动机 N2 速度传感器测试及相关保养工作。

3. 素质目标

（1）加强航空从业人员敬畏规章的安全作风建设；

（2）养成不编造、不篡改的航空测试工作作风；

（3）培养守正创新的航空工匠精神。

守正创新

任务导入

课前任务一：什么是霍尔效应？霍尔传感器常用于哪些量的测量？

_____

_____

课前任务二：简述 N2 速度传感器的具体位置及功能。

_____

_____

_____

 任务描述

　　小组成员按工单流程，查询相关参考资料，使用专用工具拆卸、安装、维护及检查发动机高压压气机转子的 N2 传感器，并根据动力参数表进行上电测试，要求 N2 速度传感器监控系统能够正确测量及指示发动机高压转子转速参数。

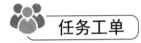

任务工单

详见任务工单 4-2-1。

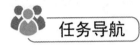

任务导航

一、N2 速度传感器

（一）概述

压气机、涡轮

图 4-7 所示为发动机转速计系统。N2 速度传感器将发动机高压转子转速信号提供给电子发动机控制、显示电子组件和发动机机载振动监控（AVM）信号调节器。EEC 接收来自各速度传感器的两个模拟信号，将这些模拟信号改变为数字信号。EEC 使用 A、B 两个通道的信号，每个通道将数据通过 ARINC429 数据总线传输到各 DEU 处，DEU 使用 EEC 的输入将 N1 和 N2 显示在通用显示系统上，DEU 也会直接使用速度传感器输入以显示 N1 和 N2。AVM 信号调节器从速度传感器接收模拟输入来计算振动等级。

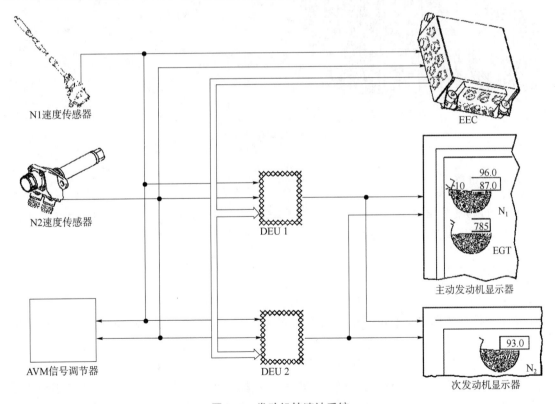

图 4-7　发动机转速计系统

（二）位置

N2 速度传感器位于 EEC 交流发电机和发动机空气起动机之间的附件齿轮箱（AGB）前侧。它在发动机起动器上，打开左风扇整流罩可以接近 N2 传感器。N2 传感器在端部有三个独立传感器元件，每个元件有一个电极件和一个缠绕磁铁的电线圈，图 4-8 所示为 N2 速度传感器所在位置，图 4-9 所示为 N2 速度传感器安装图。

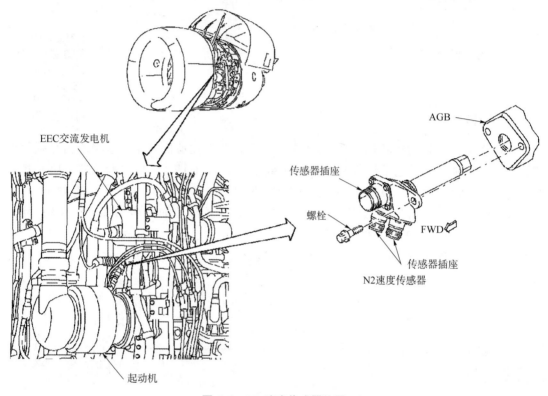

图 4-8　N2 速度传感器位置

（三）功能

N2 速度传感器将高压转子转速信号提供给电子发动机控制、显示电子组件和机载振动监控信号调节器等部件。

二、霍尔式传感器

磁电感应式传感器是通过磁电转换将被测非电量（如振动、位移、速度等）转换为电信号的一种传感器。霍尔式传感器是一种典型的磁电感应式传感器。

霍尔式传感器是基于霍尔效应的一种传感器。1879 年美国物理学家霍尔首先在金属材料中发现了霍尔效应，但由于金属材料的霍尔效应太弱而没有得到成功应用。随着半导体技术的发展，开始用半导体材料制成霍尔元件，由于它的霍尔效应显著而得到了应用和发展。霍尔式传感器广泛用于转速、电磁、压力、加速度、振动等方面的测量。

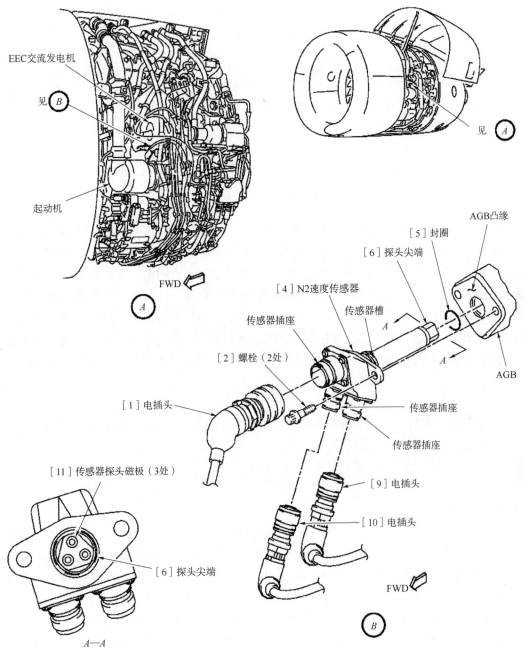

图 4-9　N2 速度传感器安装图

（一）霍尔效应

如图 4-10 所示的金属或半导体薄片，长为 l，宽为 b，厚为 d，若在它的两端通以控制电流 I，并在薄片的垂直方向上施加磁感应强度为 B 的磁场，那么，在垂直于电流和磁场的方向上（即霍尔输出端之间）将产生电动势 U_H（霍尔电动势或称霍尔电压），这种现象称为霍尔效应，基于霍尔效应原理工作的器件称为霍尔元件。

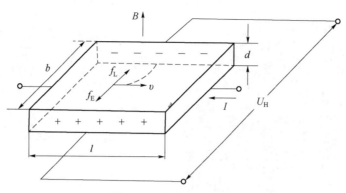

图 4-10　霍尔效应原理

霍尔效应的产生是由于运动电荷受磁场中洛伦兹力作用的结果。以 N 型半导体为例，假设在薄片的控制电流端通以电流 I，那么半导体中的载流子（电子）将沿着和电流相反的方向运动。若在垂直于半导体薄片平面的方向上加以磁场 B，则由于洛伦兹力 f_L 的作用，电子向一边偏转（如图中虚线所示），并使该边形成电子积累，而另一边则积累正电荷，于是产生电场，该电场对载流子的电场力 f_E 与洛伦兹力 f_L 方向相反，阻止载流子的继续偏转。当载流子受到的电场力与洛伦兹力相等时，电子的积累达到动态平衡。这时在薄片两端面之间建立的电场称为霍尔电场，相应的电动势就称为霍尔电动势 U_H，其大小可用下式表示：

$$U_H = R_H \frac{IB}{d} \tag{4-2}$$

式中，R_H 为霍尔常数，其大小由载流材料的物理性质决定；d 为霍尔薄片的厚度（m）。

令

$$K_H = \frac{R_H}{d} \tag{4-3}$$

将式（4-3）代入式（4-2），可得到

$$U_H = K_H IB \tag{4-4}$$

由式（4-4）可知，霍尔电动势的大小正比于控制电流 I 和磁感应强度 B。K_H 称为霍尔元件的灵敏度，它是表征在单位磁感应强度和单位控制电流作用下输出霍尔电压大小的一个重要参数，一般要求它越大越好。霍尔元件的灵敏度与元件材料的性质和几何尺寸有关：由于半导体（尤其是 N 型半导体）的霍尔常数 K_H 要比金属大得多，所以在实际应用中一般采用 N 型半导体材料做霍尔元件；由式（4-3）可见，元件越薄，灵敏度就越高，所以霍尔元件一般比较薄。但厚度太薄，会使霍尔元件的输入、输出电阻增加，因此也不宜太薄。另外，霍尔元件长、宽比 l/b 对 U_H 也有影响：l/b 增大时，控制电极对 K_H 影响减小，但如果 l/b 过大，载流子在偏转过程中的损失将加大，使 U_H 下降。通常取 l/b 为 2~4。

当磁感应强度 B 和霍尔薄片法线成角度 θ 时，此时实际作用于霍尔片的有效磁场是其法线方向的分量，即 $B\cos\theta$，则它输出的霍尔电动势为

$$U_H = K_H IB \cos\theta \tag{4-5}$$

由式（4-5）可见，当控制电流或磁场的方向发生改变时，输出电动势的方向也将改变。但当磁场和电流同时改变方向时，霍尔电动势并不改变原来的方向。

（二）霍尔元件

霍尔元件是由霍尔片、4 根引线和壳体组成的，如图 4-11 所示。在霍尔片的长度方向两端面上焊有 a、b 两根引线，称为控制电流端引线，其焊接处称为控制电流极（或称激励电极），要求焊接处接触电阻很小，并呈纯电阻，即欧姆接触。在霍尔薄片的另两侧端面的中间以点的形式对称地焊有 c、d 两根霍尔输出引线，其焊接处称为霍尔电极（要求欧姆接触）。霍尔元件的壳体是用非导磁金属、陶瓷或环氧树脂封装。

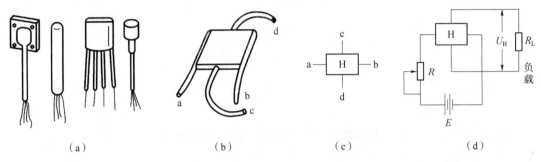

图 4-11　霍尔元件

（a）外形；（b）结构；（c）符号；（d）基本电路

任务评价

以小组为单位，组内互相评价，占比 40%；指导教师评价，占比 60%。

序号	评价项目	评价内容	分值	学员互评（40%）	教师评价（60%）
1	专业能力（70 分）	课前任务一的完成情况（霍尔效应，霍尔传感器测量）	5		
2		课前任务二的完成情况（N2 速度传感器具体位置及功能）	5		
3		正确选用工具及清点	5		
4		正确选用耗材	5		
5		正确查询和使用参考资料	5		
6		正确完成拆卸前的准备工作	5		
7		正确完成拆卸任务	10		
8		正确完成安装前的准备工作	5		
9		正确完成安装任务	10		
10		正确完成检查与测试任务	10		
11		清点、检查、维护工具和耗材，清扫和整理现场	5		

续表

序号	评价项目	评价内容	分值	学员互评 （40%）	教师评价 （60%）
12	职业素养 （30分）	"三敬"的安全作风	10		
13		求真务实的工作态度	10		
14		敢创新的航空工匠精神	10		
		得分	100		
姓名：		学号：	总得分：		评价人：

 学习体会

通过本次项目的实施，都学到了哪些技能与知识？小结一下。

 思考练习

（1）什么是霍尔效应？霍尔传感器常用于哪些量的测量？

（2）简述 N2 速度传感器的具体位置及其功能。

（3）简述左手定则和右手定则。

（4）简述霍尔元件长、宽、厚对霍尔效应的影响。

任务三　防滑机轮速度传感器维护与测试

学习目标

1. 知识目标

（1）掌握防滑机轮速度传感器基础知识；

（2）掌握电感式传感器基本知识；

（3）熟悉拓展阅读相关理论知识。

2. 能力目标

（1）正确拆卸防滑机轮速度传感器；

（2）正确安装防滑机轮速度传感器；

（3）完成防滑机轮速度传感器测试及相关保养工作。

3. 素质目标

（1）加强航空从业人员敬畏职责的安全作风建设；

（2）养成不隐瞒、不迟报的航空测试工作作风；

（3）培养严控质量标准的航空工匠精神。

严控质量标准："焊工
状元"专注焊接 28 年

任务导入

课前任务一：简述自感传感器的分类及电感传感器的分类。

_____

_____

课前任务二：简述防滑机轮速度传感器的具体位置及功能。

_____

_____

任务描述

　　小组成员按工单流程，查询相关参考资料，使用专用工具拆卸、安装、维护及检查飞机滑跑时的机轮轮速传感器，根据动力参数表进行上电测试，使防滑/自动刹车控制组件能够正确测量及指示机轮减速数据。

任务工单

　　详见任务工单4-3-1。

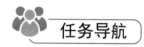 任务导航

刹车压力指示器
拆装

一、防滑机轮速度传感器

（一）概述

飞机轮速传感器的功能是测量飞机滑跑时的机轮轮速，最初是在飞机防滑刹车系统中提出的：飞机着陆时为了保证安全并获得最大的刹车制动效果，减少飞机降落滑跑距离，同时避免轮胎在干燥混凝土上爆裂或在结冰跑道上打滑以及减少轮胎磨损，必须时刻监控飞机滑跑时的轮速，防止轮胎抱死打滑。也有一些飞机将轮速传感器信号作为扰流板或其他着陆系统的反馈输入，从而控制着陆时机轮上承载的质量。

防滑系统控制来自液压刹车系统的调节刹车压力或来自自动刹车系统的自动刹车压力，提供最大刹车力以满足在任何跑道状况下使飞机停止。当机轮旋转时，轮毂盖内侧的轮毂盖轴带动传感器轴旋转，提供机轮速度输入到传感器。每个主起落机轮轴内的传感器将机轮速度数据提供到 AACU（防滑/自动刹车控制组件），当每个机轮速度超过 60 节时，AACU 将信号发送到自动减速板组件，自动减速板组件在执行 RTO 功能期间使用机轮速度输入以操作自动减速板作动筒。

（二）位置

飞机机轮共有 4 个防滑传感器，每个主起落机轮在轴内有一个传感器。图 4-12 所示为防滑机轮速度传感器所在位置，图 4-13、图 4-14 所示为防滑机轮速度传感器安装图。

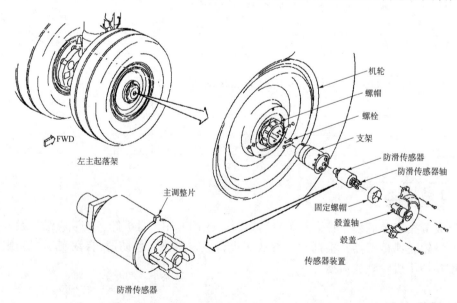

图 4-12　防滑机轮速度传感器位置

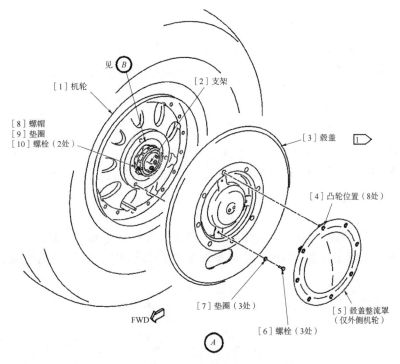

见 Ⓑ

[1]机轮　　　　　[2]支架

[8]螺帽
[9]垫圈
[10]螺栓（2处）

[3]毂盖　Ⓛ▷

[4]凸轮位置（8处）

[7]垫圈（3处）

[6]螺栓（3处）

[5]毂盖整流罩
（仅外侧机轮）

FWD

Ⓐ

Ⓛ▷ 内侧毂盖较小

图4-13　防滑机轮速度传感器安装图（一）

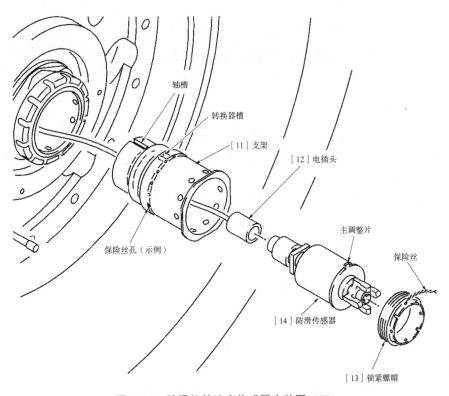

轴槽

转换器槽

[11]支架

[12]电插头

保险丝孔（示例）

主调整片

保险丝

[14]防滑传感器

[13]锁紧螺帽

图4-14　防滑机轮速度传感器安装图（二）

（三）功能

防滑/自动刹车控制组件通过防滑机轮速度传感器获得减速数据，自动刹车系统同样使用该数据进行制动。

二、变磁阻式轮速传感器

目前主流民用飞机（包括 A320、A330、波音 737、波音 747、波音 777 等机型）均采用变磁阻式轮速传感器，其产品形式多样，属于较为成熟的产品。

（一）基本结构

变磁阻式轮速传感器的基本结构由定子、转子以及若干支承轴承组成。定、转子由软磁材料制成，在定、转子气隙表面布置有相同数量的齿，定子上缠绕有线圈，如图 4-15 所示。

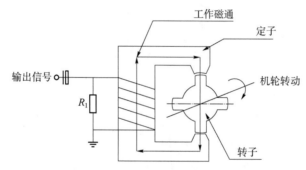

图 4-15 变磁阻式轮速传感器工作原理

（二）工作原理

变磁阻式轮速传感器的基本工作原理如下：由励磁电路向定子线圈输出电流，建立恒定磁场或由永磁体建立恒定磁场，当转子随机轮旋转时，定、转子间齿与齿相对磁路的磁阻小，齿与槽相对磁阻大。

假设气隙磁阻沿正弦规律变化，根据电感公式及电磁感应定律有

$$f=\frac{nk}{60}$$

$$L=\frac{N^2}{R+r\sin(2\pi ft)} \tag{4-6}$$

$$e=-\frac{\mathrm{d}\varphi}{\mathrm{d}t}=-I\frac{\mathrm{d}L}{\mathrm{d}t}=\frac{IN^2\pi kr\cdot n}{30\left(R+r\sin(2\pi ft)\right)^2}\cos\left(\frac{\pi k}{30}\cdot nt\right)$$

式中，f 为磁阻变化频率；n 为轮速；k 为轮速传感器齿数；L 为线圈电感；N 为线圈匝数；R 为平均磁阻；r 为交变磁阻幅值；φ 为磁链；I 为励磁电流；e 为感应电动势。

由此可知，当磁阻变化时会导致定子线圈电感发生变化，因而在励磁电流中感生了频率正比于轮速的交流信号。

三、电感式传感器

电感式传感器的基本原理是电磁感应原理，即利用电磁感应将被测非电量（如压力、位移等）转换为电感量的变化输出，再经测量转换电路，将电感量的变化转换为电压或电流的变化，来实现非电量的测量。图 4-16 所示为电感式传感器工作原理。

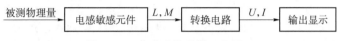

图 4-16　电感式传感器工作原理

电感式传感器根据信号的转换原理，可以分为自感式和互感式两大类。电感式传感器结构简单、工作可靠、灵敏度高、分辨率大，能测出 0.1 μm 甚至更小的机械位移变化，测量准确度高，线性度好，可以把输入的各种机械物理量如位移、振动、压力、应变、流量、比重等参数转换为电量输出，因而在工程实践中应用十分广泛。本节主要介绍自感式电感传感器。

（一）自感式电感传感器的分类

自感式电感传感器也称变磁阻式电感传感器，常见的有变隙式、变截面式和螺线管式。自感式电感传感器主要由线圈、铁芯和衔铁等组成，如图 4-17 所示。

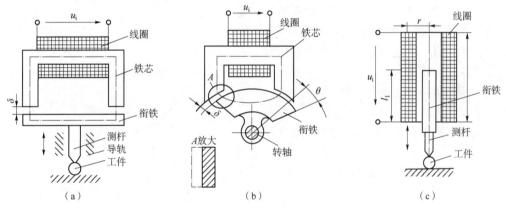

图 4-17　自感式电感传感器结构示意图
（a）变隙式；（b）变截面式；（c）螺线管式

（二）自感式电感传感器的工作原理

自感式电感传感器是利用自感量随气隙变化而改变化的原理制成的。图 4-18 所示是最简单的自感式电感传感器。当衔铁受到外力而产生位移时，磁路中气隙的磁阻发生变化，从而引起线圈的电感变化，其电感量的变化与衔铁位置相对应。因此，只要能测出电感量的变化，就能判定衔铁位移量的大小，这就是自感式电感传感器的基本工作原理。

根据磁路的基本知识，线圈的自感为

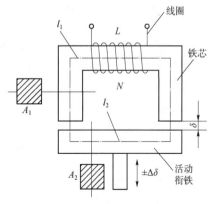

图 4-18　自感式电感传感器结构

$$L = \frac{N^2}{R_\mathrm{m}} \qquad (4-7)$$

式中，N 为线圈的匝数；R_m 为磁路总磁阻。

对于图 4-18，因为气隙厚度 δ 较小，可以认为气隙磁场是均匀的，故磁路中的总磁阻为铁芯磁阻、衔铁磁阻和空气隙磁阻之和。

$$R_\mathrm{m} = \frac{l_1}{\mu_1 A_1} + \frac{l_2}{\mu_2 A_2} + \frac{2\delta}{\mu_0 A_0} \qquad (4-8)$$

式中，l_1 和 l_2 是各段导磁体的长度（m）；μ_1 和 μ_2 是各段导磁体的磁导率（H/m）；A_1 和 A_2 是各段导磁体的截面积（m^2）；δ 是气隙的厚度（m）；μ_0 是空气磁导率，$\mu_0 = 4\pi \times 10^{-7}$（H/m）；$A_0$ 是气隙有效截面积（m^2）。

由于导磁体的磁导率远远大于空气的磁导率，即 $\mu_1 \gg \mu_0$ 和 $\mu_2 \gg \mu_0$；所以铁芯磁阻、衔铁磁阻远远小于空气隙磁阻，所以式（4-8）可以写为

$$\frac{l_1}{\mu_1 A_1}, \frac{l_2}{\mu_2 A_2} \ll \frac{2\delta}{\mu_0 A_0} \qquad (4-9)$$

$$R_\mathrm{m} \approx \frac{2\delta}{\mu_0 A_0} \qquad (4-10)$$

$$L = \frac{N^2}{R_\mathrm{m}} = \frac{N^2 \mu_0 A_0}{2\delta} \qquad (4-11)$$

式（4-11）表明，自感 L 是气隙厚度 δ 和气隙有效截面积 A_0 的函数，即 $L = f(\delta, A_0)$。

（1）保持 A_0 不变，则 L 为 δ 的单值函数，可构成变气隙式传感器。

（2）保持 δ 不变，使 A_0 随位移而变化，则可构成变截面式传感器。

在线圈匝数 N 确定后，如保持气隙有效截面积 A_0 为常数，则 $L = f(\delta)$，这就是变气隙式电感传感器的工作原理。它的输出特性曲线如图 4-19 所示，输入、输出呈非线性关系。

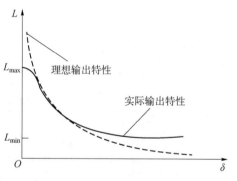

图 4-19　变气隙式电感传感器输出特性曲线

为了保证一定的线性度，变气隙式电感传感器仅能工作在很小一段区域内，因而只能用于微小位移的测量，一般取 $\delta_0 = 0.1 \sim 0.5 \mathrm{mm}$，$\Delta\delta = (0.1 \sim 0.2)\delta_0$。在实际应用时，为了减小非线性误差，提高测量灵敏度，常采用差动测量技术。图 4-20 所示为差动电感传感器。衔铁随被测量移动而偏离中间位置，使两个磁回路中的磁阻发生大小相等、符号相反的变化，导致一个线圈的电感量增加，另一个线圈的电感量减小，形成差动形式。电感的相对变化量为

$$\frac{\Delta L}{L_0} = 2\frac{\Delta\delta}{\delta_0} \qquad (4-12)$$

由式（4-12）可知，差动式输出是单线圈输出的两倍，从而减小了非线性误差，提高了测量准确度。

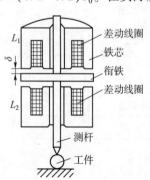

图 4-20　差动式电感传感器

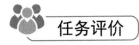 **任务评价**

以小组为单位，组内互相评价，占比 40%；指导教师评价，占比 60%。

序号	评价项目	评价内容	分值	学员互评 (40%)	教师评价 (60%)
1	专业能力 (70分)	课前任务一的完成情况（自感、电感传感器的分类）	5		
2		课前任务二的完成情况（防滑机轮速度传感器具体位置及功能）	5		
3		正确选用工具及清点	5		
4		正确选用耗材	5		
5		正确查询和使用参考资料	5		
6		正确完成拆卸前的准备工作	5		
7		正确完成拆卸任务	10		
8		正确完成安装前的准备工作	5		
9		正确完成安装任务	10		
10		正确完成检查与测试任务	10		
11		清点、检查、维护工具和耗材，清扫和整理现场	5		
12	职业素养 (30分)	"三敬"的安全作风	10		
13		杜绝"隐瞒、迟报"的行为	10		
14		严控质量标准	10		
		得分	100		
姓名：		学号：	总得分：		评价人：

学习体会

通过本次项目的实施，都学到了哪些技能与知识？小结一下。

_____

_____

_____

1. 简述自感传感器的分类及电感传感器的分类。
2. 简述防滑机轮速度传感器的具体位置及功能。
3. 简述防滑/自动刹车系统工作过程。
4. 简述电感式传感器的测量基本原理。
5. 简述防滑机轮速度传感器的工作原理。

拓展阅读

阅读一：发动机速度传感器　　阅读二：轮速传感器　　阅读三：论民航的工匠精神

项目五　航空油量测试

 项目描述

　　航空油（流）量的测定关系着飞机续航时间和工作状态。发动机在工作中，对油量、流量参数测量范围大，传感器的工作温度范围广，测试精度高，因此，需要定期对高精密油量、流量传感器进行维护与测试。根据工艺流程维护与测试油量传感器是航空从业者的一项基本职业能力要求。本项目包括识别、拆卸、安装、维护及检查液压油量传感器、燃油流量传感器、滑油油量传感器，查询动力参数表，上电测试上述三种航空油量传感器等任务。

 学习目标

1. 知识目标

（1）熟悉常用油量、流量传感器的名称、工作原理和功能；

（2）熟悉民航飞机油量、流量传感器的安装方法；

（3）熟悉民航飞机油量、流量传感器的保养方法；

2. 能力目标

（1）识别和使用飞机发动机常用油量传感器；

（2）拆卸和安装飞机发动机常用油量传感器；

（3）测试和保养飞机发动机常用油量传感器。

3. 素质目标

（1）加强航空从业人员敬畏职责的安全作风建设；

（2）养成不谎报、不漏报的航空测试工作作风；

（3）培养精益求精的航空工匠精神。

把重复枯燥的
事情做到极致

 学习导图

　　通过本项目中民航飞机传感器油量、流量传感器及常用油量传感器相关知识的学习，结合拓展阅读实现知识拓展，掌握航空油量测试相关知识。

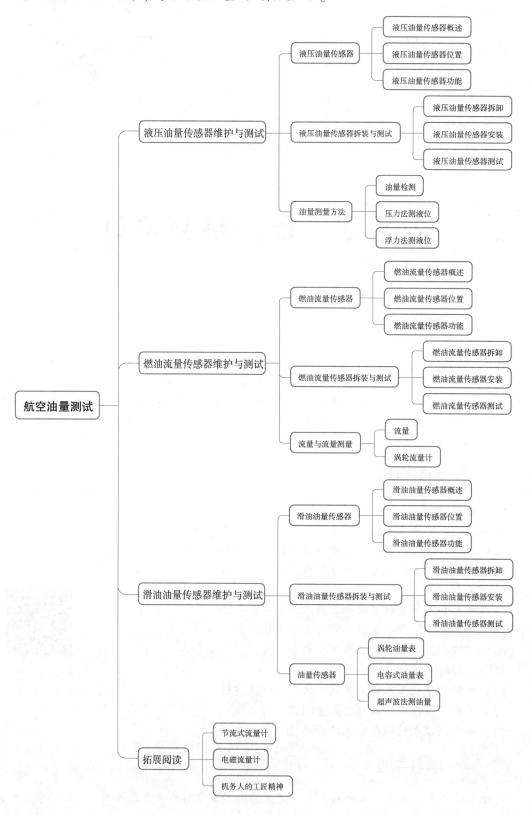

任务一　液压油量传感器维护与测试

 **学习目标**

1. 知识目标

（1）掌握液压油量传感器基础知识；

（2）熟悉电容式传感器的工作原理；

（3）熟悉电容式油量传感器的适用范围、使用方法与注意事项。

2. 能力目标

（1）正确拆卸液压油量传感器；

（2）正确安装液压油量传感器；

（3）完成液压油量传感器测试及相关保养工作。

3. 素质目标

（1）加强航空从业人员敬畏规章的安全作风建设；

（2）养成"从严、从细、从实"的航空工作态度；

（3）培养追求卓越的航空品质。

追求卓越：导弹
"咽喉主刀师"

任务导入

课前任务一：液压油量指示系统是如何工作的？

_____

_____

_____

课前任务二：查找资料复习电容的定义，思考电容的变化与哪些因素有关。

_____

_____

_____

_____

任务描述

小组成员按工单流程，查询相关参考资料，使用专用工具拆卸、安装、维护及检查主起落架处液压油量 A、B 指示系统的油量传感器，并根据动力参数表进行上电测试，使液压油量传感器能够正确测量及指示液压系统的数据。

详见任务工单 5-1-1。

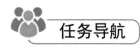

一、液压油量传感器

液压指示系统

（一）概述

液压油量指示系统利用 A、B 系统的油量传感器发出的油量信号显示在公共显示器里。A、B 系统液压油量在系统中显示为油箱容积的百分比，油量传感器外面是指针式油量指示器，上面有"0""RFL""F"等标记，"0"表示空，"RFL"表示需加油，"F"表示油箱满。主系统油箱油量指示与实际值的关系如表 5-1 所示。

表 5-1　主系统油箱油量指示与实际值的关系

液压油箱		油量（gal①/L）	系统显示的油量
A 系统	满 F	5.7/21.6	100%
	加油 RFL	4.7/17.7	76%
	EDP 竖管	2.3/8.5	20%
	过满	超过 5.7/21.6	101%~106%
B 系统	满 F	8.2/31.1	100%
	加油 RFL	6.9/26.0	76%
	加油平衡	6.6/25.1	72%
	EDP/EMDP 竖管	1.3/4.9	0%
	过满	超过 8.2/31.1	101%~106%

（二）位置

液压系统油量传感器有两个，分别位于主起落架轮舱的机身站位 663.75 到机身站位 727.00-左、右两个位置处，如图 5-1、图 5-2 所示。

---

① 1 gal（英）= 4.546 092 L。

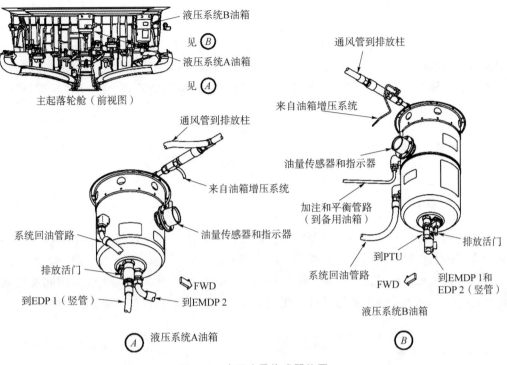

图 5-1　液压油量传感器位置

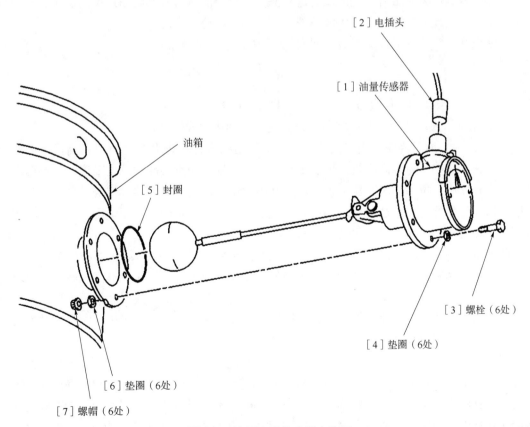

图 5-2　液压油量传感器安装图

（三） 功能

液压油量传感器是一种电容式传感器，组件中包括浮子、指示器和传感器三部分。在 B 系统油量传感器中有一个低油量电门，当 B 系统液压油量少于 21% 时，该电门打开，这就抑制备用前轮转弯。油量传感器送出信号到 DEU，DEU 送出信号到 DU，DU 用百分比的形式显示系统的油量。

二、油量测量方法

（一） 油量检测

油量检测是液位检测的一种典型应用，液位检测总体上可分为直接检测和间接检测两种方法。直接检测法就是利用连通器原理，将容器中的液体引入带有标尺的观察管中，直接由操作人员通过标尺读出液位。但由于测量状况及条件复杂多样，因而一般采用间接检测法，即将液位信号转化为其他相关信号进行测量，如力学法、电学法、电磁学法、声学法、光学法等。

（二） 压力法测液位

压力法依据液体质量所产生的压力进行测量。由于液体对容器底面产生的静压力与液位高度成正比，因此通过测量容器中液体的压力来测算液位高度。

对常压开口容器，液位高度 H 与液体静压力 P 之间有如下关系：

$$H = \frac{P}{\rho g} \tag{5-1}$$

式中，ρ 为被测液体的密度（kg/m^3）；G 为重力加速度。

图 5-3 所示为用于测量开口容器液位高度的三种压力式液位计。

图 5-3 （a） 所示为压力表式液位计，它是利用引压管将压力变化值引入高灵敏度压力表进行测量。图中压力表高度与容器底等高，压力表读数即直接反映液位高度。如果两者不等高，当容器中液位为零时，压力表中读数并不为零，而是反映容器底部与压力表之间液体的压力值，该值称为零点迁移量，测量时应予以注意。这种方法的使用范围较广，但要求介质洁净，黏度不能太高，以免阻塞引压管。

图 5-3 （b） 所示为法兰式压力变送器。变送器通过法兰装在容器底部的法兰上，作为敏感元件的金属膜盒经导压管与变送器的测量室相连，导压管内封入沸点高、膨胀系数小的硅油，使被测介质与测量系统隔离。它可以将液位信号变成电信号或气动信号，用于液位显示或控制调节。由于是法兰式连接，且介质不必流经导压管，因此可用来检测有腐蚀性、易结晶、黏度大或有色介质等。

图 5-3 （c） 所示为吹气式液位计，压缩空气通过气泡管通入容器底部，调节旋塞阀使少量气泡从液体中逸出（大约每分钟 150 个），由于气泡微量，可认为容器中液体静压与气泡管内压力近似相等。当液位高度变化时，由于液体静压变化会使逸出气泡量变化。调节阀门使气泡量恢复原状，即调节液体静压与气泡管压力平衡，压力表的读数即可反映液位高低。这种液

位计结构简单，使用方便，可用于测量有悬浮物及高黏度液体。如果容器封闭，则要求容器上部有通气孔。它的缺点是需要气源，而且只能适用于静压不高、精度要求不高的场合。

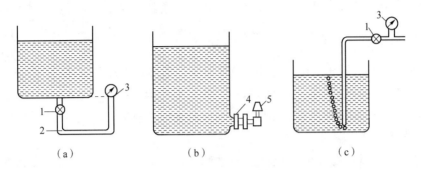

图5-3　压力式液位计

（a）压力表式液位计；（b）法兰式液位变送器；（c）吹气式液位计

1—旋塞阀；2—引压管；3—压力表；4—法兰；5—压力变送器

（三）浮力法测液位

浮力法测液位是依据力平衡原理，通常借助浮子一类的悬浮物，浮子做成空心刚体，在平衡时能够浮于液面。当液位高度发生变化时，浮子就会跟随液面上下移动。因此测出浮子的位移就可知液位变化量。浮子式液位计按浮子形状不同，可分为浮子式、浮筒式等；按结构不同，可分为钢带式、杠杆式等。

1. 钢带浮子式液位计

图5-4所示为直读式钢带浮子式液位计。这是一种最简单的液位计，一般只能就地显示，现以它为例分析一下钢带浮子式液位计的测量误差。

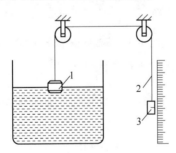

图5-4　直读式钢带浮子式液位计

1—浮子；2—钢带；3—配重块

平衡时，浮子重力与钢带拉力之差 W 与浮力相平衡：

$$W = \rho g \frac{\pi D^2}{4} \Delta h \qquad (5-2)$$

式中，ρ 为液体密度（kg/m^3）；D 为圆柱形浮子的直径（m）；Δh 为浮子浸入液体的深度（m）；g 为重力加速度。

当液位变化 ΔH 时，浮子浸入深度 Δh 应保持不变才能使测量准确，但由于摩擦等因素，浮子不会马上跟随动作，它的浸入深度的变化量为 ΔH，所受浮力变化量为

$$\Delta F = \rho g \frac{\pi D^2}{4} \Delta H \tag{5-3}$$

只有 ΔF 克服了摩擦力 f_r 后浮子才会开始动作，这就是仪表不灵敏区的产生原因。

$$\frac{\Delta H}{f_r} = \frac{\Delta H}{\Delta F} = \frac{4}{\rho g \pi D^2} \tag{5-4}$$

由式（5-4）可以看出灵敏度与浮子直径有关，适当增大浮子直径，会使相同摩擦情况下浮子的浸入深度变化量减小，灵敏度提高，从而提高测量精度。此外，钢带长度变化也直接影响测量精度，应尽量使用膨胀系数小且较轻的多股金属绳。

2. 浮筒式液位计

浮筒式液位计属于变浮力液位计，当被测液面位置变化时，浮筒浸没体积变化，所受浮力也变化，通过测量浮力变化确定出液位的变化量。图 5-5 所示为浮筒式液位计原理。

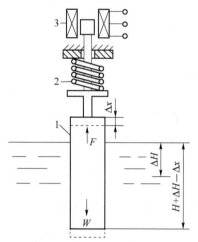

图 5-5　浮筒式液位计原理
1—浮筒；2—弹簧；3—差动变压器

图 5-5 所示的液位计用弹簧平衡浮力，用差动变压器测量浮筒位移，平衡时压缩弹簧的弹力与浮筒浮力及重力 G 平衡。即：

$$kx = \rho g A H - G \tag{5-5}$$

式中，k 为弹簧刚度（N/m）；x 为弹簧压缩量（m）；ρ 为液体密度（kg/m³）；H 为浮筒浸入深度（m）；A 为浮筒截面积（m²）。

当液位发生变化，如升高时，弹簧被压缩，此时有

$$k(x + \Delta x) = \rho g A (H + \Delta H - \Delta x) - G \tag{5-6}$$

式（5-5）与式（5-6）相减得

$$\Delta H = \left(1 + \frac{k}{\rho g A}\right) \Delta x \tag{5-7}$$

式（5-7）表明，液位高度变化与弹簧变形量成正比。弹簧变形量可用多种方法测量，既可直接指示，也可用变换器（如差动变压器）变换成电信号进行远程控制。

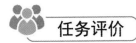 任务评价

以小组为单位，组内互相评价，占比40%；指导教师评价，占比60%。

序号	评价项目	评价内容	分值	学员互评 （40%）	教师评价 （60%）
1	专业能力 （70分）	课前任务一的完成情况（液压油量指示系统工作原理）	5		
2		课前任务二的完成情况（电容定义，电容变化的影响因素）	5		
3		正确选用工具及清点	5		
4		正确选用耗材	5		
5		正确查询和使用参考资料	5		
6		正确完成拆卸前的准备工作	5		
7		正确完成拆卸任务	10		
8		正确完成安装前的准备工作	5		
9		正确完成安装任务	10		
10		正确完成检查与测试任务	10		
11		清点、检查、维护工具和耗材，清扫和整理现场	5		
12	职业素养 （30分）	"三敬"的安全作风	10		
13		"从严、从细、从实"航空工作态度	10		
14		追求卓越的航空品质	10		
得分			100		
姓名：		学号：	总得分：		评价人：

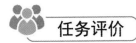 学习体会

通过本次项目的实施，都学到了哪些技能与知识？小结一下。

_____

_____

_____

_____

思考练习

（1）液压油量传感器属于哪一种油量传感器？试说出其测量原理。

（2）液压系统有_____个油量传感器，它属于_____传感器，位于发动机_____位置。

（3）试说说液位测量有哪些测量方式？

（4）液压系统指针式油量指示器上面有哪几种标记？分别代表什么意义？

任务二　燃油流量传感器维护与测试

学习目标

1. 知识目标

(1) 掌握燃油流量传感器基础知识；

(2) 掌握常用流量传感器的名称与功用；

(3) 熟悉常用流量传感器的工作原理、使用方法与注意事项。

2. 能力目标

(1) 正确拆卸燃油流量传感器；

(2) 正确安装燃油流量传感器；

(3) 完成燃油流量传感器测试及相关保养工作。

3. 素质目标

(1) 加强航空从业人员坚决抵制麻痹大意的思想意识；

(2) 养成以诚信的精神对待职业的工作道德；

(3) 培养追求合作的航空合作精神。

坚决抵制麻痹大意：让安全为
机务维修工作保驾护航

任务导入

课前任务一：通过课前预习，大家说说流量检测的方式有哪些。

_____

_____

课前任务二：简述燃油流量传感器的具体位置及功能。

_____

_____

_____

任务描述

　　小组成员按工单流程，查询相关参考资料，使用专用工具拆卸、安装、维护及检查发动机风扇壳体处的燃油流量传感器，并根据动力参数表进行上电测试，使燃油流量传感器能够正确测量及指示燃烧室工作时的燃油流量。

任务工单

详见任务工单 5-2-1。

任务导航

一、燃油流量传感器

在 SD 上检查压力

（一）概述

燃油流量传感器测量进入总管和燃油喷嘴的燃油质量流量，其结构如图 5-6 所示。燃油从 HMU 流到燃油流量传感器，而燃油流量传感器观察孔的移动与燃油质量流量成比例。燃油流量传感器有两个线圈，一个在孔口上，另一个固定在燃油流量传感器外壳上，涡轮上的磁体在贴近这些线圈的位置通过。每次磁体在线圈绕组附近通过都会产生一个电脉冲，一个脉冲成为起动脉冲，另一个则成为停止脉冲，脉冲间隔时间表示孔径位置和燃油质量流量。EEC 测量起动脉冲和停止脉冲之间的时间差，并计算燃油质量流量。燃油质量流量率较低时，两个脉冲间的时间差也较小，此时间差在 DU 上显示为低燃油流量。燃油质量流量率提高时，两个脉冲间的时间差也增大。起动和停止脉冲在时间上的差异越大，表现在 DU 上的燃油流速就越高。

（二）位置

燃油流量传感器在风扇壳体左侧 10:00 位置，如图 5-6 所示。图 5-7 所示为燃油流量传感器安装图。

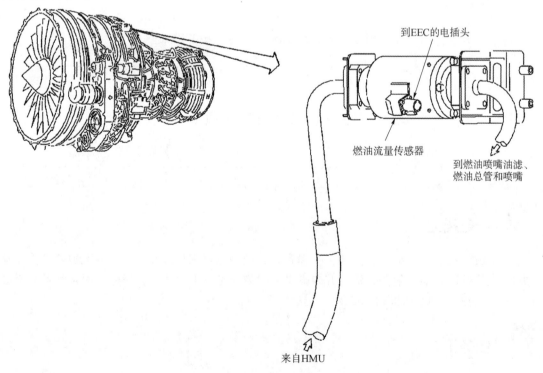

图 5-6　燃油流量传感器位置

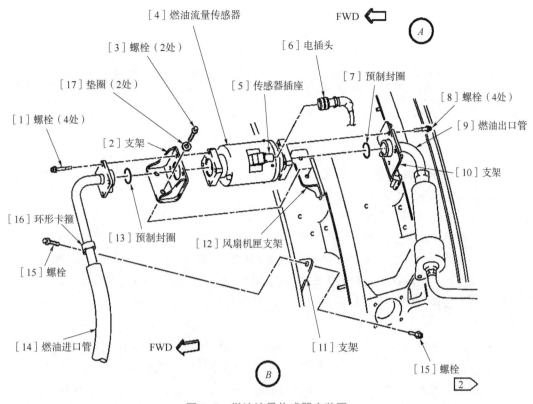

图 5-7　燃油流量传感器安装图

（三）功能

通过 EEC 将燃油流量数据提供到 DEU。EEC 计算燃油流速，而 DEU 计算所用的燃油流量。燃油流量数据显示在主、副两个发动机显示器上。主发动机流量通常显示在上部 DU 中，而副发动机流量则通常显示在下部 DU 中。

二、流量与流量测量

燃油油量的测量属于流量测量的一种。流量测量往往根据需要被测流体的种类、流动状况和测量条件来选择，不同流体在不同工况下对流量测量的要求也不尽相同。因此，研究人员进行了各种相应的流量测量方法和仪表的研究。本节介绍流量测量的基本知识和常用的流量检测仪表。

（一）流量

1. 流量的定义

所谓流量，是指单位时间内流体流经管道或明渠某横截面的数量，又称瞬时流量。当流体以体积表示时称为体积流量，以质量表示时称为质量流量。

根据流量的定义，体积流量 q_v 和质量流量 q_m 可分别表示为

$$q_v = \lim_{\Delta t \to 0} \frac{\Delta V}{\Delta t} = \frac{dV}{dt} = uA \tag{5-8}$$

$$q_m = \lim_{\Delta t \to 0} \frac{\Delta M}{\Delta t} = \frac{dM}{dt} = \rho uA \tag{5-9}$$

式中，V 为流体体积；M 为流体质量；t 为时间；A 为观测截面面积；ρ 为流体密度；u 为截面上流体的平均流速。

体积流量和质量流量的关系为

$$q_m = \rho uA = \rho q_v \tag{5-10}$$

在工业生产中，为保持均衡稳定的生产和保证产品质量，需要对流量进行调节和控制，瞬时流量是流体介质工艺流程的重要参量。

2. 流量检测仪表的分类

现代工业中，流量测量应用的领域广泛，由于各种流体性质不同，测量时其状态（压力、温度）也不相同，因此采用各种各样的方法和流量仪表进行流量的测量。流量仪表种类繁多，已经在使用的超过百种，它们的测量原理、结构、使用方法、适用场合各不相同，各有特点。流量检测仪表可按各种不同的原则划分，目前并无统一的分类方法。通常有以下几种分类方法。

（1）按测量对象分类，流量检测仪表可分为封闭管道流量计和明渠流量计。

（2）按测量目的分类，流量检测仪表可分为瞬时流量计和总量表。

（3）按测量原理分类，流量检测仪表可分为差压式、容积式、速度式等几类。

（4）按测量方法和仪表结构分类，这种分类方法较为流行，流量仪表可分为差压式流量计、浮子流量计、容积式流量计、叶轮式流量计、电磁式流量计、流体振动式流量计、超声式流量计以及质量流量计等。

（二）涡轮式流量计

在各种流量计中，涡轮式流量计是重复性和精度都很好的产品，主要用于测量精度要求高、流量变化快的场合，还用作标定其他流量计的标准仪表。涡轮式流量计广泛应用于石油、有机液体、无机液体、液化气、天然气、煤气和低温流体等测量对象的流量测量。飞机发动机燃油油量传感器一般采用涡轮式流量传感器。

1. 结构与工作原理

涡轮式流量计的结构如图5-8所示，主要由外壳、导流器、支承轴承、涡轮和磁电转换器组成。

壳体用非磁性材料制成，用于固定和保护流量计其他部件以及与管道相连。

导流器由前后导向片及导向座构成，采用非磁性材料，其作用一是支撑涡轮，二是对进入流量计的流体进行整流和稳流，将流体导直，使流束基本与轴线平行，防止因流体自旋而改

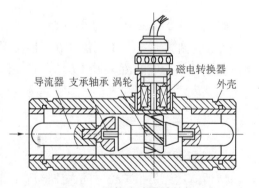

图 5-8　涡轮式流量计结构

变与涡轮叶片的作用角度，以保证流量计测量的准确性。

涡轮是测量元件，由导磁材料制成。根据流量计直径的不同，其上装有 2~8 片螺旋形叶片，支承在摩擦力很小的轴承上。为提高对流速变化的响应性，涡轮的质量要尽可能小。

支承轴承要求间隙和摩擦系数尽可能小、有足够高的耐磨性和耐腐蚀性，这关系到涡轮流量计的长期稳定性和可靠性。

磁电转换装置由线圈和磁钢组成，它安装在流量计壳体上，可分成磁阻式和感应式两种。磁阻式将磁钢放在感应线圈内，当由导磁材料制成的涡轮叶片旋转通过磁钢下面时，磁路中的磁阻改变，使通过线圈的磁通量发生周期性变化，因而在线圈中感应出电脉冲信号，其频率就是转过叶片的频率。感应式在涡轮内腔放置磁钢，涡轮叶片由非导磁材料制成。磁钢随涡轮旋转，在线圈内感应出电脉冲信号。由于磁阻式比较简单、可靠，所以使用较多。除磁电转换方式外，也可用光电元件、霍尔元件、同位素等方式进行转换。为提高抗干扰能力和增大信号传送距离，在磁电转换器内装有前置放大器。

涡轮流量计是基于流体动量矩守恒原理工作的。当流体通过管道时，冲击涡轮叶片，对涡轮产生驱动力矩，使涡轮克服摩擦力矩和流体阻力矩而产生旋转。在一定的流量范围内，对一定的流体介质黏度，涡轮的转速与流体的平均流速成正比，故流体的流速可通过测量涡轮的旋转角速度得到，从而可以计算流体流量。涡轮转速通过磁电转换装置变成电脉冲信号，经放大、整形后送给显示记录仪表，经单位换算与流量计算电路计算出被测流体的瞬时流量和累积流量。

2. 流量方程

设流体经导流器导直后沿平行于管道轴线的方向以平均速度 u 冲击叶片，使涡轮旋转，涡轮叶片与流体流向成角度 θ。流体平均流速 u 可分解为叶片的相对速度 u_r 和切向速度 u_s，如图 5-9 所示。

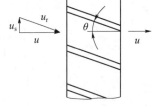

图 5-9　流体平均流速分解

切向速度

$$u_s = u\tan\theta \tag{5-11}$$

当涡轮稳定旋转时，叶片的切向速度

$$u_s = \omega R \tag{5-12}$$

则涡轮转速为

$$n = \frac{\omega}{2\pi} = \frac{u\tan\theta}{2\pi R} \tag{5-13}$$

式中，R 为涡轮叶片的平均半径。

可见，涡轮转速 n 与流体平均流速 u 成正比。而磁电转换器所产生的脉冲频率为

$$f = nZ = \frac{u\tan\theta}{2\pi R}Z \tag{5-14}$$

式中，Z 为涡轮叶片的数目。

流体的体积流量方程为

$$q_v = uA = \frac{2\pi A}{Z\tan\theta}f = \frac{f}{\xi} \tag{5-15}$$

式中，A 为涡轮的流通截面积；ξ 为流量转换系数，$\xi = Z\tan\theta/(2\pi RA)$。

3. 涡轮流量计的特点和安装使用

涡轮流量计的主要优点是：测量精度高，基本误差可达±0.1%；复现性好，短期重复性可达0.05%~0.20%，因此在贸易结算中是优先选用的流量计；测量范围度宽，可达（10~20）：1，适合于流量变化幅度较大的场合；压力损失较小；耐高压，承受的工作压力可达16 MPa，适用的温度范围宽；对流量变化反应迅速，动态响应好；输出为脉冲信号，抗干扰能力强，信号便于远传及与计算机相连；结构紧凑轻巧，安装维护方便，流通能力大。

涡轮流量计的主要缺点是：不能长期保持校准特性，需要定期校验；流体物性（黏度和密度）对测量准确性有较大影响；对被测介质的清洁度要求较高。

涡轮流量计可用于测量气体、液体流量，流量计应水平安装，并保证其前后有足够长的直管段或加装整流器。要求被测流体黏度低，腐蚀性小，不含杂质，以减少轴承磨损，一般应在流量计前加装过滤装置。如果被测液体易汽化或含有气体时，要在流量计前装消气器。

 任务评价

以小组为单位，组内互相评价，占比40%；指导教师评价，占比60%。

序号	评价项目	评价内容	分值	学员互评（40%）	教师评价（60%）
1	专业能力（70分）	课前任务一的完成情况（流量检测的方式）	5		
2		课前任务二的完成情况（燃油流量传感器具体位置及功能）	5		
3		正确选用工具及清点	5		
4		正确选用耗材	5		
5		正确查询和使用参考资料	5		
6		正确完成拆卸前的准备工作	5		
7		正确完成拆卸任务	10		
8		正确完成安装前的准备工作	5		
9		正确完成安装任务	10		
10		正确完成检查与测试任务	10		
11		清点、检查、维护工具和耗材，清扫和整理现场	5		
12	职业素养（30分）	坚决抵制麻痹大意的思想意识	10		
13		诚实守信的工作道德	10		
14		团队合作意识，互相协作良好	10		
得分			100		
姓名：		学号：	总得分：		评价人：

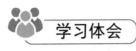 学习体会

通过本次项目的实施，都学到了哪些技能与知识？小结一下。

_____

_____

_____

思考练习

（1）飞机发动机燃油流量传感器属于_____传感器，位于发动机_____位置。

（2）流量传感器按测量原理分为_____、_____、_____传感器。

（3）涡轮流量计是基于_____原理工作的，由_____、导流器、_____、_____、磁电转换器等部分组成，在安装时应_____安装（水平/竖直）。

（4）试述涡轮流量传感器的优缺点。

任务三　滑油油量传感器维护与测试

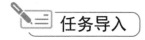 **学习目标**

1. 知识目标

（1）掌握滑油油量传感器基础知识；

（2）掌握常见滑油油量传感器基础知识；

（3）熟悉拓展阅读相关理论知识。

2. 能力目标

（1）正确拆卸滑油油量传感器；

（2）正确安装滑油油量传感器；

（3）完成滑油油量传感器测试及相关保养工作。

3. 素质目标

（1）加强航空从业人员坚决抵制侥幸、盲目的思想意识；

（2）养成廉洁自律的职业工作道德；

（3）培养精雕细琢的航空工匠精神。

精雕细琢，玉汝于成

任务导入

课前任务一：滑油油量指示系统是如何进行工作的？

_____

_____

课前任务二：滑油油量传感器的具体位置及功能是什么？

_____

_____

_____

 任务描述

　　小组成员按工单流程，查询相关参考资料，使用专用工具拆卸、安装、维护及检查发动机滑油箱处的滑油油量传感器，并根据动力参数表进行上电测试，使滑油指示系统能够正确测量及指示发动机滑油箱的油量。

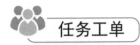

任务工单

详见任务工单 5-3-1。

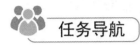

任务导航

一、滑油油量传感器

（一）概述

发动机滑油指示系统

滑油量指示系统在 2 号发动机显示器上显示发动机滑油油量数据。滑油油量指示系统使用一个滑油油量传感器测量滑油箱内的滑油油量，油量传感器将油量数据直接传送到 DEU。滑油油量传感器是一个电阻传感器，它使用一个浮控磁体和簧片电门来提供油位信息。滑油油量传感器有一个插头传送数据到 DEU。

（二）位 置

滑油油量传感器位于发动机 1、2 的滑油箱（2:00 位置），及两个发动机的风扇壳体右侧位置，如图 5-10、图 5-11 所示。

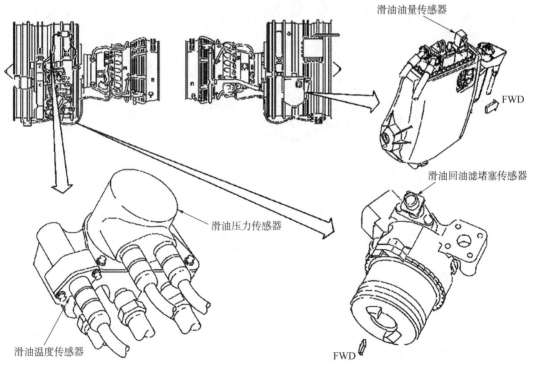

图 5-10　滑油油量传感器位置

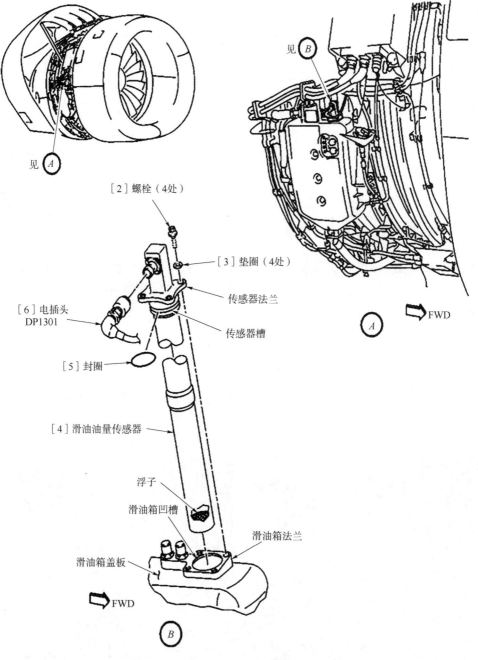

图 5-11　滑油油量传感器安装图

（三）功能

DEU 供给一个激发信号到滑油油量传感器的感应电路。当浮动磁体随油位上下移动时，簧片开关打开或关闭不同的电阻环路。传感器输出信号与油位成比例输入 DEU，DEU 在 2 号发动机显示器上显示滑油量。

二、油量传感器

飞机发动机的燃料（通常为航空煤油）装在机载油箱内，为了保证飞行安全，驾驶人员需要及时掌握油箱中燃料的储量。用来测量容器中液体储量的仪表，称为"油量表"。常用的油量表有两种类型：一是通过测量消耗量间接得到储量；二是通过测量容器中液体的液面位置而间接得到。

（一）涡轮油量表

涡轮油量表是目前飞机上常用的油量表，它基于涡轮流量计的工作原理，通过测量耗量实现油量（储量）的测量。由5.2节所介绍的涡轮流量计的工作机理，涡轮流量计输出信号的频率与流量相对应，经转换处理可得流量（飞机上也称瞬时消耗量）的指示值；同时变送器的输出信号送入一积分装置，经积分得到液体在这段时间内的总消耗量，再由传动装置带动指示油量的指针转动，指针转动的角度与总消耗量相对应。只要在供油前将指示数调到当时油箱中的油量，并随着油量的消耗，指示数不停地向零示数方向变动，这样指示装置的示值就是油箱中现有的油量。

由于采用涡轮油量表测量油箱中的油量，不受飞机姿态等因素的影响，具有一定的精度。但它是通过测量流量来测量油量的，所以如果流体（燃油、滑油等）有不经过涡轮的消耗（如涡轮前管路的漏泄、燃体从涡轮外缘与管路内壁的间隙流过等），将会产生油量表的指示多于油箱中实际油量的误差（即实际耗量多于计算值）。因此飞机上还同时装有基于测量油箱中液体液面高度原理的油量表，此类油量表有电容式、浮子式、静压式、超声波式和核辐射式等。其中前两种都曾用于飞机上，目前主要是电容式的。

（二）电容式油量表

图5-12所示为一种电容式油量表的测量原理。电容器将有一部分浸入油中，浸入高度随油的多少而变。电容器的上半部伸出油面，因此电容器中浸入油中和伸出油面部分极板间的介质不同：一种是油体，另一种是空气和油气的混合气体（近似于空气），当不考虑边缘效应时，电容式传感器的总电容量为

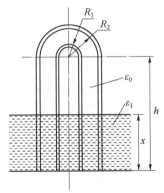

图5-12 电容式油量表测量原理

$$C=\frac{2\pi\varepsilon_0(h-x)}{\ln\left(\frac{R_2}{R_1}\right)}+\frac{2\pi\varepsilon_1 x}{\ln\left(\frac{R_2}{R_1}\right)}=\frac{2\pi\varepsilon_0 h}{\ln\left(\frac{R_2}{R_1}\right)}+\frac{2\pi(\varepsilon_1-\varepsilon_0)x}{\ln\left(\frac{R_2}{R_1}\right)}=C_0+\Delta C \tag{5-16}$$

$$C_0=\frac{2\pi\varepsilon_0 h}{\ln\left(\frac{R_2}{R_1}\right)} \tag{5-17}$$

$$\Delta C=\frac{2\pi(\varepsilon_1-\varepsilon_0)x}{\ln\left(\frac{R_2}{R_1}\right)} \tag{5-18}$$

式中，ε_1 为油体介质的介电常数（F/m）；ε_0 为混合气体的介电常数（F/m），近似于空气中的介电常数；h 为极板的总高度（m）；R_1 为内电极的外半径（m）；R_2 为外电极的内半径（m）；x 为油体介质的物位高度（m）。

由上述模型可知，圆筒形电容式敏感元件介电常数为 ε_1 部分的高度为被测量 x，介电常数为 ε_0 的空气部分的高度为（$h-x$）。电容变化量 ΔC 与 x 成正比，通过对 ΔC 的测量就可以实现对介质为 ε_1 的物位高度 x 进行测量。

图 5-13 所示为电容式油量表，可以用于测量油箱中的油位。

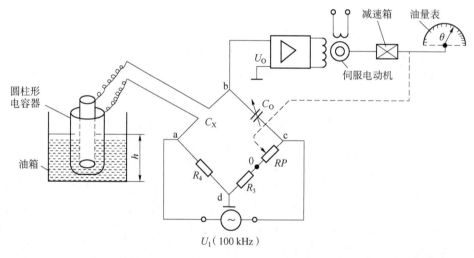

图 5-13　电容式油量表

当油箱中无油时，电容传感器的电容量 $C_x=C_{xo}$。调节匹配电容 C_o 使 $C_o=C_{xo}$，$R_4=R_3$；并调节电位器 RP 的滑动臂，使其输出电阻值为 0。此时，电桥满足的平衡条件 $C_x/C_o=R_4/(R_3+RP)$，输出为零，伺服电动机不转动，油量表指针偏转角 $\theta=0$。

当油箱中注入油时，液位上升至某一高度 h 处，电容传感器的电容量变为 $C_x=C_{xo}+\Delta C_x$，而 ΔC_x 与油位高度 h 成正比，此时电桥失去平衡，电桥的输出电压经放大后驱动伺服电动机转动，再由减速箱减速后带动指针顺时针偏转，同时带动 RP 的滑动臂移动，从而使 RP 阻值增大，当 RP 阻值达到一定值时，电桥又达到新的平衡状态，电桥的输出 $U_o=0$，于是伺服电动机停转，指针停留在某一角度 θ 处。

由于指针及可变电阻的滑动臂同时为伺服电动机所带动，因此，RP 的阻值与 θ 角间存在着确定的一一对应关系，即 θ 角与 RP 的阻值成正比，而 RP 的阻值与液位高度 h 成正比，因此可直接从刻度盘上读得液位高度 h。

当油箱中的油位降低时，伺服电动机反转，指针逆时针偏转（示值减小），同时带动 RP 的滑动臂移动，使 RP 阻值减小。当 RP 阻值达到一定值时，电桥又达到新的平衡状态 $U_{\text{o}}=0$，于是伺服电动机再次停转，指针停留在与该液位相对应的转角 θ 处。从以上分析可知，该装置采用了类似于天平的零位式测量方法，所以放大器的非线性及温漂对测量准确度影响不大。

电容式油量传感器无机械接触部分、工作可靠，但它感受的是油面的高度，当飞机姿态变化时，会引起油面倾斜、波动等的变化，存在姿态误差。对此，有些飞机上在油箱中安装了多支传感器，只要这些传感器在油箱中配置、安装和连接得合适，通过一定的补偿修正，可以使姿态误差减至最小。另外电容式油量传感器还存在温度和换油误差，在实际的测量仪表中均应采取相应的补偿措施。

（三）超声波测油量

由于不同介质对超声波的吸收衰减程度不同，所以利用超声波可以分辨出不同介质的分界面，从而可以制成物位报警装置；超声振动在不同介质中传播的速度也不同，由此可以制成物位测量装置。在这种测量装置中没有机械活动部件，超声波不受光线、黏度的影响，超声振动的传播速度也不直接与介质的介电常数、电导率、热导率有关，因此这种测量装置得到了实际的应用和发展。目前应用比较广泛的超声波测量物位的装置有两种，它们分别是利用超声波脉冲回波法和定点测量。图 5-14 所示为超声波液位测量仪的原理。

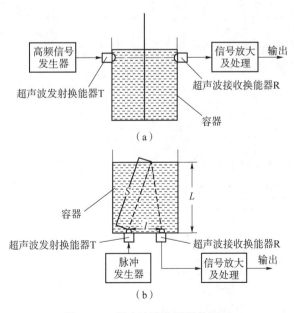

图 5-14　超声波液位测量仪原理

（a）定点测量原理；（b）利用超声波脉冲回波的测量原理

超声波发射换能器是利用晶体的"逆压电效应"，晶体在高频电压（如 1 MHz）的作用下，产生超声振动，实现电能到超声振动能的转换；超声波接收换能器是利用晶体的"正压电效应",晶体在超声振动作用下产生一定频率的交流电压输出。

图 5-14（a）所示为采用定点测量法检测液位。将超声波发射换能器 T 和超声波接收换能器 R 分别安装在装有液体的容器的相对面上，发出的超声波经发射换能器 T 与接收换能器 R 间的介质传到接收换能器 R 上。当液面达到或低于发射换能器 T、接收换能器 R 的安装处时，T 与 R 间所充满的介质不同，这两种介质对超声波的吸收衰减不同。当介质为空气（液面低）时，超声波几乎全衰减，接收换能器 R 就接收不到超声波，输出信号极小；而液面达到这位置时，接收换能器 R 收到由 T 发出的超声信号，经晶体的压电转换及其后的放大处理，产生所要求的直流信号输出。因此，这种装置可作为液位报警装置。

图 5-14（b）所示为超声波脉冲回波法测量液面高度的原理。从发射换能器 T 发出的超声脉冲，一路直接到接收换能器 R，另一路经液体传到液面，再从液面反射到 R，根据 R 接收到这两个脉冲的时间差 Δt 以及液体中的声速 v，即可求得从换能器到液面之间的距离 L，从而确定液位。当发射换能器 T 与接收换能器 R 的距离比液位高度小得多时，液位高度上近似等于 $0.5v \cdot \Delta t$。由于液体中的声速还与液体的成分、温度和压力等各种因素有关，不是常数，因此一般应采用校正装置来校正声速。

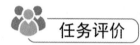 任务评价

以小组为单位，组内互相评价，占比 40%；指导教师评价，占比 60%。

序号	评价项目	评价内容	分值	学员互评（40%）	教师评价（60%）
1	专业能力（70 分）	课前任务一的完成情况（滑油量指示系统工作原理）	5		
2		课前任务二的完成情况（滑油油量传感器具体位置及功能）	5		
3		正确选用工具及清点	5		
4		正确选用耗材	5		
5		正确查询和使用参考资料	5		
6		正确完成拆卸前的准备工作	5		
7		正确完成拆卸任务	10		
8		正确完成安装前的准备工作	5		
9		正确完成安装任务	10		
10		正确完成检查与测试任务	10		
11		清点、检查、维护工具和耗材，清扫和整理现场	5		

续表

序号	评价项目	评价内容	分值	学员互评 （40%）	教师评价 （60%）
12	职业素养 （30分）	坚决抵制侥幸、盲目的思想意识	10		
13		严于律己的职业工作道德	10		
14		精雕细琢的航空工匠精神	10		
		得分	100		
姓名：		学号：	总得分：		评价人：

 学习体会

通过本次项目的实施，都学到了哪些技能与知识？小结一下。

 思考练习

（1）说说电容式油量表的工作原理。

（2）滑油油量传感器是如何工作的？位于发动机哪个位置？

（3）试说明超声波传感器测量油量的工作原理。

（4）涡轮油量表是如何进行油量测量的？

 拓展阅读

阅读一：节流式流量计　　阅读二：电磁流量计　　阅读三：机务人的工匠精神

项目六　航空振动测试

项目描述

发动机轴承处的振动是发动机的主振源。振动传感器位于发动机的内部，在飞行过程中无法查看，在飞行一定时间后翻修时需要对相关振动传感器进行维护与测试。根据工艺流程维护与测试振动传感器是航空从业者的一项基本职业能力要求。本项目包括识别、拆卸、安装、维护及检查发动机 1 号轴承振动传感器、风扇框压气机机匣振动传感器、机载振动监控器信号调节器，查询动力参数表，上电测试上述航空用振动传感器等任务。

学习目标

1. 知识目标

（1）掌握飞机常用振动传感器的名称、工作原理和功用；

（2）掌握飞机典型振动传感器的拆装与测试方法和使用注意事项；

（3）掌握常规振动传感器的相关基础理论知识。

2. 能力目标

（1）识别和使用飞机常用振动传感器；

（2）拆卸和安装飞机典型振动传感器；

（3）测试和保养飞机典型振动传感器。

3. 素质目标

（1）加强航空从业人员敬畏生命的安全作风建设；

（2）养成秉公办事的职业工作道德；

（3）培养追求创新的航空工匠精神。

把"工匠精神"焊接
在航空航天产品中

学习导图

通过本项目中民航飞机发动机1号轴承振动传感器、风扇框压气机机匣振动传感器、机载振动监控器信号调节器及常规振动传感器相关知识的学习，结合拓展阅读实现知识拓展，掌握航空振动测试相关知识。

任务一 发动机 1 号轴承振动传感器维护与测试

学习目标

1. 知识目标

（1）掌握发动机 1 号轴承振动传感器基础知识；

（2）掌握常用振动传感器的名称、工作原理和功能；

（3）熟悉拓展阅读相关理论知识。

2. 能力目标

（1）正确拆卸发动机 1 号轴承振动传感器；

（2）正确安装发动机 1 号轴承振动传感器；

（3）完成发动机 1 号轴承振动传感器测试及相关保养工作。

3. 素质目标

（1）加强航空从业人员坚决抵制冲动粗放的思想意识；

（2）养成严格遵守航空从业规范和制度的职业操守；

（3）培养兢兢业业的航空工匠精神。

兢兢业业：轨道测量
"大师"助力火箭发射

任务导入

课前任务一：说说飞机发动机上哪些部位需要进行振动测量。

_____

_____

_____

课前任务二：说说振动测试的目的是什么。

_____

_____

_____

任务描述

　　小组成员按工单流程，查询相关参考资料，使用专用工具拆卸、安装、维护及检查发动机 1 号轴承振动传感器，根据动力参数表进行上电测试，使轴承振动传感器能够正确测量发动机的振动等级，在副发动机显示器上正确显示发动机参数。

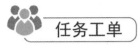

任务工单

详见任务工单 6-1-1。

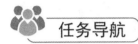

任务导航

一、轴承振动传感器

发动机振动

（一）概　述

飞机发动机的振动值是通过振动传感器得到的。飞机在空中飞行时，机翼受气流的影响也会振动，由于发动机安装在机翼上，从传感器直接传来的振动并不是发动机的振动，发动机振动传感器得到的振动信号包含了所有的振动。因此，发动机振动传感器感受到的信号通常是这样的：通过滤波处理将 N1/N2 转子转速对应频率的振动值提出来，就是此时 N1/N2 转子的振动值，以此来反映发动机的振动等级。

（二）位　置

1 号轴承振动传感器在发动机的里面，因此发动机在飞机上时无法查看该传感器。在发动机翻修期间接近该传感器，电插头连接风扇外壳传感器导线，该连接在发动机油箱后面，发动机铭牌正上方。

（三）功　能

1 号轴承振动传感器、风扇框压气机机匣垂直振动传感器、N1 速度传感器与 N2 速度传感器测量发动机的振动等级。信号调节器将振动数据提供到 DEU 和飞行数据收集组件（FDAU）。发动机振动正常显示在副发动机显示器上。副发动机数据显示通常显示在中央下部多功能显示屏上。

二、振动及振动测量方法

（一）机械振动测量

1. 概述

机械振动是指物体（或物体的一部分）沿直线或曲线在平衡位置附近所作的周期性往复运动。在自然界、工程技术和日常生活中，机械振动是普遍存在的物理现象。

在大多数情况下，机械振动是有害的，它影响精密仪器设备的功能；降低加工零件的精度和表面质量；加剧构件的疲劳破坏和磨损，导致构件损坏造成事故。当然，振动也有被利用的一面，如钟表、运输、夯实、清洗、粉碎、脱水、监测等。振动问题在工程技术中占有相当重要的地位，无论是防止振动危害还是要利用振动，都必须对机械振动进行观测、分析、研究，确定其量值，而振动试验和测量始终是一个重要的、必不可少的手段。

振动测试的目的，主要有以下几个方面。

（1）检查机器运转时的振动特性，以检验产品质量。

（2）测定机械系统的动态响应特性，以便确定机器设备承受振动和冲击的能力，并为产品的改进设计提供依据。

（3）分析振动产生的原因，寻找振源，以便有效地采取减振和隔振措施。

（4）对运动中的机器进行故障监控，以免发生重大事故。

振动测量有以下两种方式。

（1）对正在工作的对象进行振动测量和分析，测量其在工作状态下的振动参量，如振动位移、速度、加速度、频率和相位等，目的是了解被测对象的振动状态，评定对象振动强度，结构的动载及动变形，寻找振源及其传递路径，监测设备状况。

（2）对设备或部件施加激励，使其产生受迫振动，再作测试。其目的是测定对象的动态特性参量，如固有频率、阻尼、阻抗、响应和模态等，评定抗振能力。这类测试又可分为振动环境模拟试验、机械阻抗试验和频率响应试验等。

2. 振动的基本知识

1）振动信号分类

机械振动是一种复杂的物理现象，可根据不同的特征对其进行分类，如表 6-1 所示。

表 6-1 机械振动的分类

分类依据	名 称	主要特征与说明
振动产生的原因	自由振动	系统受初始干扰或外部激振力取消后，系统本身由弹性恢复力和惯性力来维持的振动。当系统无阻尼时，振动频率为系统的固有频率；当系统存在阻尼时，其振动幅度将逐渐减弱
	受迫振动	由于外界持续干扰引起和维持的振动，此时系统的振动频率为激振频率
	自激振动	系统在输入和输出之间具有反馈特性时，在一定条件下，没有外部激振力而由系统本身产生的交变力激发和维持的一种稳定的周期性振动，其振动频率接近于系统的固有频率
振动的规律	简谐振动	振动量为时间的正弦或余弦函数，为最简单、最基本的机械振动形式。其他复杂的振动都可以看成许多或无穷个简谐振动的合成
	周期振动	振动量为时间的周期性函数，可展开为一系列简谐振动的叠加
	瞬态振动	振动量为时间的非周期函数，一般在较短的时间内存在
	随机振动	振动量不是时间的确定函数，只能用概率统计的方法来研究
系统的自由度	单自由度系统振动	用一个独立变量就能表示系统振动
	多自由度系统振动	需用多个独立变量表示系统振动
	连续弹性体振动	需用无限多个独立变量表示系统振动

分类依据	名 称	主要特征与说明
系统结构参数的特性	线性振动	可以用常系数线性微分方程来描述，系统的惯性力、阻尼力和弹性力分别与振动加速度、速度和位移成正比
	非线性振动	用非线性微分方程来描述

确定性振动可分为周期性振动和非周期性振动。周期性振动包括简谐振动和复杂周期振动。随机振动是一种非确定性振动，它只服从一定的统计规律。

一般来说，仪器设备的振动信号中既包含确定性的振动，又包含随机振动，但对于一个线性振动系统来说，振动信号可用谱分析技术化作许多简谐振动的叠加。因此，简谐振动是最基本也是最简单的振动。

2）振动测试的基本参数

振动的幅值、频率和相位是振动测量的三个基本参数，称为振动三要素。

幅值是振动强度的标志，它可以用峰值、有效值、平均值等不同的方法表示。

不同的频率成分反映系统内不同的振源，通过频谱分析可以确定主要频率成分及其幅值大小，从而寻找振源，采取相应的措施。

振动信号的相位信息十分重要，如利用相位关系确定共振点、测量振型、旋转件动平衡、有源振动控制、降噪等。对于复杂振动的波形分析，各谐波的相位关系是不可缺少的。

（二） 振动测量方法

振动不能直接测量，需要借助于某种物体的物理参数随温度不同而明显变化的特性进行间接测量。振动传感器就是通过测量某些物理量参数随振动的变化而间接测量振动的。

1. 振动测量方法

振动测量方法按振动信号转换的方式可分为电测法、机械法和光学法。

电测法将被测对象的振动量转换成电量，灵敏度高，动态、线性范围宽，便于分析，但易受电磁干扰。

机械法利用杠杆原理将振动量放大后直接记录下来，抗干扰能力强，动态、线性范围窄，需要给工件加上一定的负荷，影响测试结果，适用于低频、大振幅振动及扭振的测量。

光学法利用光杠杆、光波干涉、激光多普勒效应等进行测量，不受电磁干扰，测量精度高，为非接触式测量。在精密测量和传感器、测振仪标定中用得较多。

目前广泛应用的是电测法。

2. 电测法测振系统

图6-1所示为电测法测振系统的一般结构。由图可见，系统由激振、中间变换电路、振动分析仪器及显示记录装置等部分组成。

3. 拾振器

测振传感器是将被测对象的机械振动量（位移、速度或加速度）转换为与之有确定关系的电量（如电流、电压或电荷）的装置。电测法的测振传感器又称为拾振器。

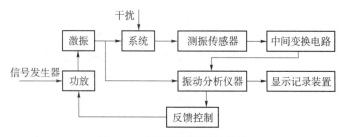

图 6-1 电测法测振系统结构

拾振器按振动测量方法的力学原理可分为惯性式（绝对式）和相对式拾振器；按测量时拾振器是否和被测物体接触可分为接触式和非接触式拾振器；按工作原理分，有压电式、磁电式、电动式、电容式、电感式、电涡流式、电阻式和光电式等。在各类拾振器中，压电式和应变式加速度计使用较为广泛。

各种拾振器性能不一，在振动测量中，应根据测试目的和实际条件，合理地选用拾振器，选择不当会影响测量精度，甚至得出错误的结论。

选择拾振器类型时，主要需考虑被测量的参数（位移、速度或加速度）、测量的频率范围、量程及分辨率、使用环境和相移等问题，并结合各类拾振器的性能特点综合进行选择。

4. 振动分析仪器

从拾振器检测到的振动信号和从激振点检测到的力信号需经过适当的分析处理，以提取各种有用的信息。目前常见的振动分析仪器有测振仪、频率分析仪、FFT 分析仪和虚拟频谱分析仪等。

1）测振仪

测振仪是用来直接指示位移、速度、加速度等振动量的峰值、峰峰值、平均值或均方根值的仪器。这一类仪器一般包括微积分电路、放大器、检波器和表头，它能获得振动的总强度（振级）信息，而不能获得振动频率等其他方面的信息。

2）频率分析仪

模拟量频谱分析仪目前仍是振动测量较常用的分析设备，它主要由模拟带通滤波器组成。振动信号转换成电信号后，经中间变换电路输入频率分析仪，手控或自动扫描就可完成所需频带的频谱分析。常用的频率分析仪有恒定百分比带宽分析仪、恒定带宽分析仪、1/3 倍频程分析仪和实时分析仪等。

3）FFT 分析仪

随着计算机技术和数字信号处理技术的发展，用数学技术处理振动测量信号的方式已广泛被采用。以微处理器为核心和以快速傅里叶变换算法为基础的数字分析仪，精度高、动态范围大、功能多、性能稳定、抗干扰能力强、体积小、质量轻、便于携带到现场，尤其是分析的速度远远高于模拟式频谱分析仪。

4）虚拟频谱分析仪

虚拟仪器的概念是 20 世纪 90 年代初才提出来的，虚拟仪器是仪器技术与计算机技术高度结合的产物。虚拟仪器的核心是具备各种功能的软件系统，通常包括计算机图形软件、数据处理软件和显示测量结果的测试系统软件等，当然也包括少量的仪器硬件（如数据采集硬件）以及将计算机与仪器硬件相连的总线结构等。

与传统的 FFT 分析仪相比，具有频谱分析功能的虚拟仪器可以更加灵活地选择窗口、采样速率和频谱二进制数，且价格低，技术更新快，具有灵活的开放功能等。

（三）振动参量测量

振动参量是指振幅、频率、相位角和阻尼比等物理量。

1. 振幅的测量

振动量的幅值是时间的函数。峰值是从振动波形的基线位置到波峰的距离，峰峰值是正峰值到负峰值之间的距离。在考虑时间过程时常用有效（均方根）值和平均绝对值表示。有效值和平均绝对值分别定义为

$$z_{有效} = z_{rms} = \sqrt{\frac{1}{T} \int_0^T z^2(t)\,dt} \tag{6-1}$$

$$z_{|平均|} = z = \frac{1}{T} \int_0^T |z(t)|\,dt \tag{6-2}$$

对于简谐振动而言，峰值、有效值和平均绝对值之间的关系为

$$z_{rms} = \frac{\pi}{2\sqrt{2}} z = \frac{1}{\sqrt{2}} z_f \tag{6-3}$$

式中，z_f 为振动峰值。

2. 简谐振动频率的测量

简谐振动的频率是单一频率，其测量方法分直接法和比较法两种。直接法是将拾振器的输出信号送到各种频率计或频谱分析仪直接读出被测简谐振动的频率。在缺少直接测量频率仪器的条件下，可用示波器通过比较测得，常用的比较法有录波比较法和李沙育图形法。录波比较法是将被测振动信号和时标信号一起送入示波器或记录仪中同时显示，根据它们在波形图上的周期或频率比，算出振动信号的周期或频率。李沙育图形法则是将被测信号和由信号发生器发出的标准频率正弦波信号分别送到双轴示波器的 x 轴及 y 轴，根据荧光屏上呈现的李沙育图形来判断被测信号的频率。

3. 相位差的测量

相位差只有在频率相同的振动之间才有意义。测定同频两个振动之间的相位差常用直读法和比较法。直读法是利用各种相位计直接测定，比较法常用录波比较法和李沙育图形法两种。录波比较法利用记录在同一坐标纸上的被测信号与参考信号之间的时间差 τ 求出相位差 φ：

$$\varphi = \frac{\tau}{T} \times 360° \tag{6-4}$$

李沙育图形法则是根据被测信号与同频的标准信号之间的李沙育图形来判别相位差。

任务评价

以小组为单位，组内互相评价，占比 40%；指导教师评价，占比 60%。

序号	评价项目	评价内容	分值	学员互评（40%）	教师评价（60%）
1	专业能力（70分）	课前任务一的完成情况（飞机上进行振动测量的部位）	5		
2		课前任务二的完成情况（振动测试的目的）	5		
3		正确选用工具及清点	5		
4		正确选用耗材	5		
5		正确查询和使用参考资料	5		
6		正确完成激活的准备工作	10		
7		正确完成解除与激活任务	30		
8		清点、检查、维护工具和耗材，清扫和整理现场	5		
9	职业素养（30分）	坚决抵制冲动粗放的思想意识	10		
10		严格遵守航空从业规范和制度	10		
11		兢兢业业的航空工匠精神	10		
得分			100		
姓名：		学号：	总得分：		评价人：

 学习体会

通过本次项目的实施，都学到了哪些技能与知识？小结一下。

思考练习

（1）1号轴承振动传感器位于发动机_____位置。

（2）振动测试的基本参数有哪些？

（3）电测法测振系统的组成有哪些？

（4）什么是机械振动？

任务二 风扇框压气机机匣振动传感器维护与测试

 学习目标

1. 知识目标

（1）掌握风扇框压气机机匣（FFCC）振动传感器基础知识；

（2）掌握压电式振动传感器基础知识；

（3）熟悉拓展阅读相关理论知识。

2. 能力目标

（1）正确拆卸 FFCC 振动传感器；

（2）正确安装 FFCC 振动传感器；

（3）完成 FFCC 振动传感器测试及相关保养工作。

不泄露、守机密：国家
安全事关你我他

3. 素质目标

（1）加强航空从业人员坚决抵制随意懈怠的思想意识；

（2）养成不泄露、守机密的职业工作道德；

（3）培养苦心钻研的航空工匠精神。

任务导入

课前任务一：什么是压电效应？压电式传感器的工作原理是什么？

_____

_____

课前任务二：简述 FFCC 振动传感器的具体位置及功能。

_____

_____

_____

任务描述

小组成员按工单流程，查询相关参考资料，使用专用工具拆卸、安装、维护及检查风扇框压气机机匣振动传感器，根据动力参数表进行上电测试，使用 FFCC 振动传感器正确测量发动机的振动等级，在副发动机显示器上正确显示发动机参数。

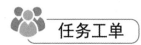

详见任务工单 6-2-1。

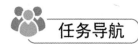

电子姿态指示器
拆装

一、风扇框压气机机匣振动传感器

（一）概　述

风扇框压气机机匣振动传感器是 AVM 系统主要检测传感器之一，每台发动机的最高发动机振动等级连续显示在 CDS 上。该振动传感器是自激励压电晶体，传感器提供少量电信号输出，当发动机结构以径向移动时，则输出等级改变，输出差与发动机振动等级成正比。

（二）位　置

风扇框压气机机匣振动传感器在后部风扇框架上 3:00 位置，如图 6-2 所示。打开右风扇整流罩和右反推装置整流罩以接近该传感器。

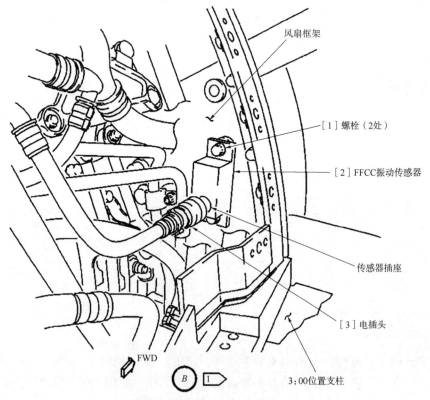

图 6-2　主液压系统振动传感器位置

（三）功能

风扇框压气机机匣振动传感器测量并将压气机振动数据提供到 DEU 和 FDAU。在正常情况下发动机振动显示在副发动机显示器上。副发动机显示通常显示在中央下部多功能显示屏上。

二、压电式振动传感器

压电式振动传感器又称压电加速度计，属于惯性式传感器。它利用了某些物质如石英晶体的压电效应。在加速度计受振时，质量块加在压电元件上的力也随之变化。当被测振动频率远低于加速度计的固有频率时，则力的变化与被测加速度成正比。

压电式振动传感器的突出特点是体积小，质量小，频带宽（由零点几 Hz 到数十 kHz），测量范围宽（$(10^{-6} \sim 10^3)\,g$），使用温度可达 400 ℃ 以上，因此广泛用于振动、加速度和冲击测量。

（一）压电式振动传感器结构

图 6-3 所示为压电式振动传感器的结构原理，它由质量块、弹簧、压电晶片和基座组成。质量块一般由密度较大的材料（重合金）制成。硬弹簧的作用是对质量块加载，产生预压力，以保证在作用力变化时晶片始终受到压缩。整个组件都装在基座上，为了防止被测件的任何应变传到晶片上而产生假信号，基座一般要求做得较厚。

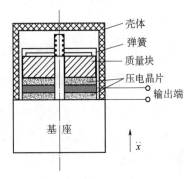

图 6-3　压电式振动传感器
的结构原理

为了提高灵敏度，可以把两片压电元件重叠放置并按并联（对应于电荷放大器）或串联（对应于电压放大器）方式连接。压电式振动传感器的具体结构形式有多种，常见形式如图 6-4 所示。

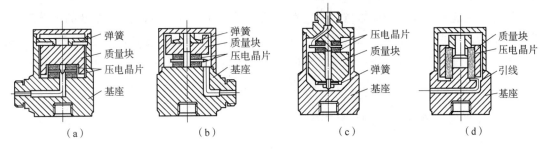

图 6-4　压电式振动传感器的结构

（a）外圆配合压缩式；（b）中心配合压缩式；（c）倒装中心配合压缩式；（d）剪切式

（二）压电式振动传感器工作原理

当传感器基座随被测物体一起运动时，由于弹簧刚度很大，相对而言质量块的质量 m 很小，即惯性很小，因而可认为质量块感受与被测物体相同的加速度，并产生与加速度成正比的惯性力 F_a。惯性力作用在压电晶片上，就产生与加速度成正比的电荷 q_a 或电压 u_a，这样通过电荷量或电压来测量振动加速度 a。

（三）压电式振动传感器固定方法

采用钢螺栓固定，是使共振频率达到出厂共振频率的最好方法。螺栓不得全部拧入基座螺孔，以免引起基座变形，影响加速度计的输出。在安装面上涂一层硅脂可增加不平整安装表面的连接可靠性。需要绝缘时可用绝缘螺栓和云母垫片来固定加速度计，但垫圈应尽量薄。用一层薄蜡把加速度计粘在试件平整表面上，也可用于低温（40 ℃以下）的场合。手持探针测振法在多点测试时使用特别方便，但测量误差较大，重复性差，使用上限频率一般不高于 1 000 Hz。用专用永久磁铁固定加速度计，使用方便，多在低频测量中使用。此法也可使加速度计与试件绝缘。用硬性粘接螺栓或粘接剂的固定方法也常使用。某种典型的加速度计采用上述各种固定方法的共振频率分别约为：钢螺栓固定法 31 kHz、云母垫片28 kHz、涂薄蜡层 29 kHz、手持法 2 kHz、永久磁铁固定法 7 kHz。

（四）压电式振动传感器灵敏度

压电式加速度计属发电型传感器，可把它看成电压源或电荷源，故灵敏度有电压灵敏度和电荷灵敏度两种表示方法。前者是加速度计输出电压（mV）与所承受加速度之比；后者是加速度计输出电荷与所承受加速度之比。在振动测量中往往用标准重力加速度 g 作单位，这是一种已为大家所接受的表示方式，几乎所有的测振仪器都用 g 作为加速度单位并在仪器的板面上和说明书中标出。

对给定的压电材料而言，灵敏度随质量块的增大或压电元件的增多而增大。一般来说，加速度计尺寸越大，其固有频率越低。因此选用加速度计时应当权衡灵敏度和结构尺寸、附加质量的影响和频率响应特性之间的利弊。

压电式加速度计的横向灵敏度表示它对横向（垂直于加速度计轴线）振动的敏感程度。横向灵敏度常用主灵敏度（即加速度计的电压灵敏度或电荷灵敏度）的百分比表示。一般在壳体上用小红点标出最小横向灵敏度方向，一个优良的加速度计的横向灵敏度应小于主灵敏度的 3%。因此，压电式加速度计在测试时具有明显的方向性。

（五）压电式振动传感器前置放大器

压电元件受力后产生的电荷量极其微弱，这个电荷使压电元件边界和接在边界上的导体充电。要测定这样微弱的电荷（或电压）的关键是防止导线、测量电路和加速度计本身的电荷泄漏。换句话说，压电式加速度计所用的前置放大器应具有极高的输入阻抗，把泄漏减少到测量准确度所要求的限度以内。

压电式传感器的前置放大器有电压放大器和电荷放大器两种。电压放大器就是高输入阻抗的比例放大器，其电路比较简单，但输出受连接电缆对地电容的影响，适用于一般振动测量。电荷放大器以电容作负反馈，使用中基本不受电缆电容的影响。在电荷放大器中，通常使用高质量的元器件，输入阻抗高，但价格也比较贵。

从压电式传感器的力学模型看，它具有"低通"特性，可测量极低频的振动。但实际上当低频尤其小振幅振动时，加速度值小，传感器的灵敏度有限，因此输出的信号将很微弱，信噪比很低；另外由于电荷的泄漏，积分电路的漂移（用于测振动速度和位移）、器件的噪声都是不可避免的，所以实际低频端也出现"截止频率"，为 0.1~1 Hz。

任务评价

以小组为单位，组内互相评价，占比 40%；指导教师评价，占比 60%。

序号	评价项目	评价内容	分值	学员互评（40%）	教师评价（60%）
1	专业能力（70分）	课前任务一的完成情况（压电效应，压电式传感器的工作原理）	5		
2		课前任务二的完成情况（FFCC 振动传感器具体位置及功能）	5		
3		正确选用工具及清点	5		
4		正确选用耗材	5		
5		正确查询和使用参考资料	5		
6		正确完成拆卸前的准备工作	5		
7		正确完成拆卸任务	10		
8		正确完成安装前的准备工作	5		
9		正确完成安装任务	10		
10		正确完成检查与测试任务	10		
11		清点、检查、维护工具和耗材，清扫和整理现场	5		
12	职业素养（30分）	坚决抵制随意懈怠的思想意识	10		
13		不泄露、守机密的职业工作道德	10		
14		苦心钻研的航空工匠精神	10		
得分			100		
姓名：	学号：		总得分：		评价人：

通过本次项目的实施，都学到了哪些技能与知识？小结一下。

_____

_____

_____

（1）什么是压电效应？

（2）FFCC 振动传感器的具体位置及功能是什么？

（3）压电式振动传感器的工作原理是什么？

（4）为什么压电式振动传感器要使用前置放大器？

任务三　机载振动监控器信号调节器维护与测试

 学习目标

1. 知识目标

（1）掌握机载振动监控器信号调节器基础知识；

（2）掌握磁电式测振传感器基础知识；

（3）熟悉拓展阅读相关理论知识。

2. 能力目标

（1）正确拆卸机载振动监控器信号调节器；

（2）正确安装机载振动监控器信号调节器；

（3）完成机载振动监控器信号调节器测试及相关保养工作。

3. 素质目标

（1）加强航空从业人员团结协作的作风建设；

（2）养成服务航空的职业工作道德；

（3）培养坚定信念的航空工匠精神。

团结协作、坚定信念

任务导入

课前任务一：机载振动监控器信号调节器是如何进行工作的？

_____

_____

课前任务二：机载振动监控器信号调节器由哪些部分组成？

_____

_____

_____

任务描述

　　小组成员按工单流程，查询相关参考资料，使用专用工具拆卸、安装、维护及检查机载振动监控器信号调节器，并根据动力参数表进行上电测试，使 AVM 信号调节器能够正确测量发动机的振动等级，在副发动机显示器上正确显示发动机参数。

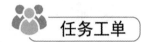

详见任务工单 6-3-1。

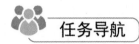

一、机载振动监控器信号调节器

PFD 显示

（一）概述

机载振动监控系统连续将发动机的振动等级提供给 CDS。

AVM 系统包括以下部件。

（1）AVM 信号调节器。

（2）一个振动传感器，靠近发动机前端。

（3）一个振动传感器，在发动机风扇机匣框上。

信号调节器将振动数据提供给 DEU 和 FDAU。发动机振动正常显示在副发动机显示器上。副发动机显示通常显示在中央下部多功能显示屏上。

（二）位置

AVM 系统位于左侧电气和电子设备舱与右侧电气和电子设备舱 E3-2 架上。

（三）功能

AVM 系统有两个振动传感器，与 AVM 信号调节器一起处在电子和电气设备舱内。如图 6-5所示，该系统包括 1 号轴承振动传感器和 FFCC 振动传感器。AVM 信号调节器具有以下功能。

（1）计算每台发动机的振动值并将信号提供到 CDS。

（2）将每台发动机的历史发动机振动数据保存在存储器内。

（3）提供振动平衡方案，帮助进行发动机配平平衡操作。

（4）隔离 AVM 系统故障并将故障数据保存在存储器内。

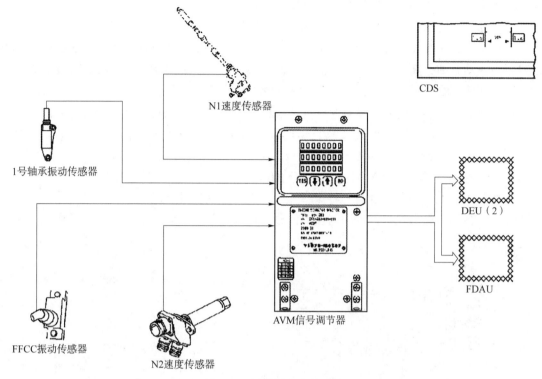

图 6-5　机载振动监控系统

二、磁电式测振传感器

（一）工作原理

磁电感应式振动速度传感器简称磁电式测振传感器（电动式传感器），分为动圈式和动铁式两种类型，其作用原理基本相同，都是基于线圈在恒定磁场中运动，切割磁力线产生与线圈和磁场之间的相对运动速度成正比的感应电动势来测量运动速度。

图 6-6（a）所示为飞机上用于监测发动机振动的一种动圈式振动速度传感器的实际结构。它的线圈组件由不锈钢骨架和两个由高强度漆包线绕制成的螺管线圈组成，两个线圈按感应电动势的极性反相串联，线圈骨架与传感器壳体固定在一起。磁钢用上下两个软弹簧支承，装在不锈钢制成的套筒内，套筒装于线圈骨架内腔中并与壳体固定。线圈骨架和磁钢套筒都起电磁阻尼作用。传感器壳体由磁性材料铬钢制成，它既是磁路的一部分，又起磁屏蔽作用。永久磁铁的磁力线从一端出来，穿过工作气隙、磁钢套筒、线圈骨架和螺管线圈，再经传感器壳体回到磁铁的另一端，构成一个完整的闭合回路，这样就组成一个质量—弹簧—阻尼系统。线圈和传感器壳体随被测振动体一起振动时，如果振动频率远高于传感器的固有频率，永久磁铁相对于惯性空间接近于静止不动。因此它与壳体之间的相对运动速度就近似等于振动体的振动速度。在振动过程中，线圈在恒定磁场中往返运动，就在其上产生与振动速度成正比的感应电动势。

图 6-6（b）所示为一种地面上用的动铁式振动速度传感器。磁铁与传感器壳体固定在一起。芯轴穿过磁铁中心孔，并由上下两片柔软的圆形弹簧片支承在壳体上。芯轴一端固定着一个线圈，另一端固定着一个圆筒形铜杯（阻尼杯）。线圈组件、阻尼杯和芯轴构成活动质量，当振动频率远高于传感器的固有频率时，线圈组件接近静止状态，而磁铁随振动体一起振动，从而在线圈上感应出与振动速度成正比的电动势。

磁电感应式传感器的基本型式是速度传感器，但配以积分电路就可测量振动位移，而配以微分电路又可测量振动加速度。由于这种传感器不需要另设参考基准，因此特别适用于运动体，如飞机、车辆等的振动测量。

图 6-6 所示动铁式振动速度传感器和动圈式振动速度传感器具有体积小、质量轻、工作频带宽、灵敏度及测量精度高等特点，又由于没有运动部件，因此结构坚固、可靠性和稳定性高。在各种动态力、机械冲击与振动测量，以及声学、医学、力学、宇航等领域得到越来越广泛的应用。

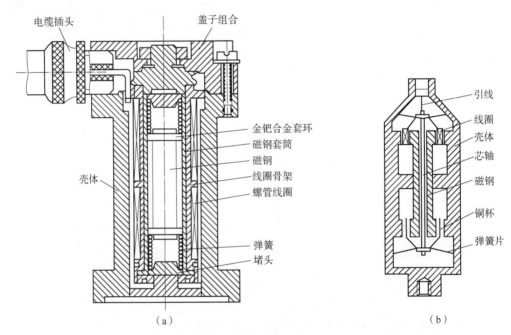

图 6-6　动铁式振动速度传感器和动圈式振动速度传感器
(a) 动圈式；(b) 动铁式

（二）磁电式测振传感器标定

振动传感器的标定就是用实验方法确定振动传感器输入量与输出量之间的函数关系。要进行标定，必须有可控振动台，并且该振动台所具有的振动参数必须是已知的，并能保证这些参数在一定精度范围内。另外，还必须具有一定精度的测量传感器输出量的设备。

确定振动台所具有的振动参数的方法一般有两种：一种是由振动台自身的结构或控制系统保证振动台按所要求的振动参数振动，例如，现在广泛使用标准正弦振动台或随机振动台进行标定；另一种是实测振动台振动时所具有的振动参数。测量振动台所具有的振动参数的方法又分为绝对法和相对法两种。

　　绝对法就是当振动台为标准正弦振动时，实测振动台所具有的振动频率 ω、振动幅值 x_m 以及传感器的输出 u_{out}，计算出振动台所具有的振动速度 $\dot{x}_m = \omega x_m$ 和振动加速度 $\ddot{x}_m = \omega^2 x_m$，从而确定待标定传感器的输入、输出关系。

　　相对法就是在振动台上除了安装待标传感器外，再装一个具有更宽频带、更高精度的标准传感器（已知标准传感器的输入、输出关系），然后将待标传感器的输出与标准传感器的输出进行比较，从而确定待标传感器的输入/输出关系。

　　图 6-7 是一个用绝对法标定振动传感器的示意图。它由激振源提供能源使激振台按正弦规律振动；振动台的振动频率由频率计测得；激振台的振动幅值由测量显微镜观察固定在激振台（或振动传感器壳体上）的靶标来确定，被标传感器的输出由电压表或示波器测量。图 6-8 也是一个用绝对法标定振动传感器的方案。由于它选用了激光器、干涉仪等光电测量设备，使测量振动台的振幅更准确；它在测量被标振动传感器输出电压方面，也选用了精度更高的仪器设备。

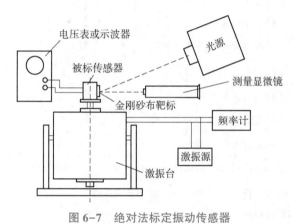

图 6-7　绝对法标定振动传感器

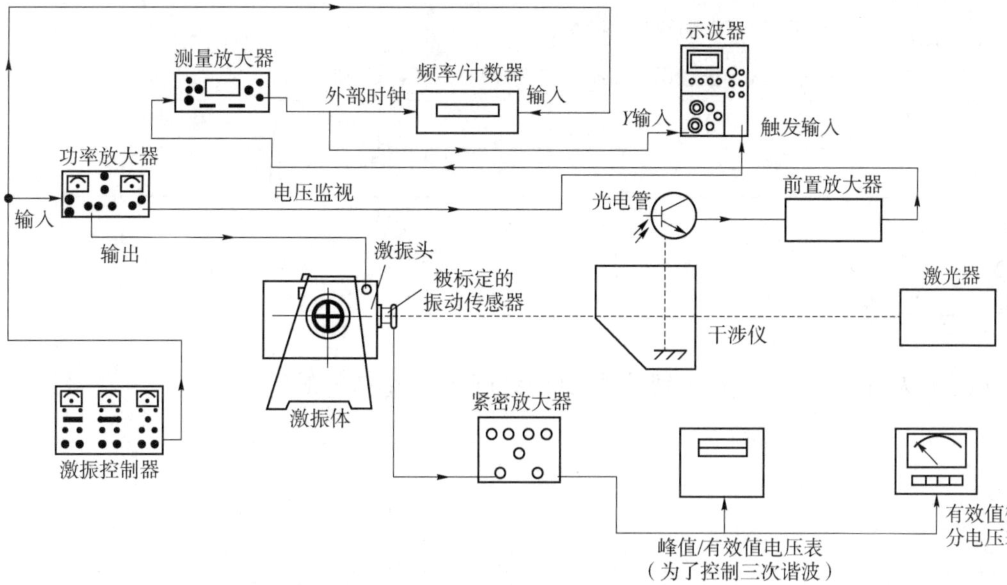

图 6-8　绝对法标定振动传感器标定方案

任务评价

以小组为单位，组内互相评价，占比 40%；指导教师评价，占比 60%。

序号	评价项目	评价内容	分值	学员互评（40%）	教师评价（60%）
1	专业能力（70 分）	课前任务一的完成情况（机载振动监控器信号调节器工作原理）	5		
2		课前任务二的完成情况（机载振动监控器信号调节器的组成部分）	5		
3		正确选用工具及清点	5		
4		正确选用耗材	5		
5		正确查询和使用参考资料	5		
6		正确完成拆卸前的准备工作	5		
7		正确完成拆卸任务	10		
8		正确完成安装前的准备工作	5		
9		正确完成安装任务	10		
10		正确完成检查与测试任务	10		
11		清点、检查、维护工具和耗材，清扫和整理现场	5		
12	职业素养（30 分）	服务航空的职业意识	10		
13		坚定信念的航空工匠精神	10		
14		团队合作意识，互相协作良好	10		
		得分	100		
姓名：		学号：	总得分：		评价人：

学习体会

通过本次项目的实施，都学到了哪些技能与知识？小结一下。

_____

_____

_____

_____

 思考练习

（1）AVM 系统有_____、_____等部件。

（2）磁电式测振传感器有_____、_____两种类型，都是基于_____原理工作的。

（3）机载振动监控信号系统有_____和_____两个振动传感器。

 拓展阅读

阅读一：位移式
测振传感器

阅读二：应变式振动
加速度传感器

阅读三：创新让工匠
精神大放异彩

项目七　航空位置测试

　项目描述

　　飞机的起飞与着陆性能，飞机的机动性、稳定性、操纵性等控制需要相关位置传感器进行精准测量，对位置的测量要求传感器精度高、性能稳定、工作可靠。因此，能根据工艺流程维护与测试位置传感器是航空从业者的一项基本职业能力要求。本项目包括识别、拆卸、安装、维护及检查迎角传感器、升降舵中立位移传感器、襟翼位置传感器，查询动力参数表，上电测试上述三种航空用位置传感器等任务。

　学习目标

1. 知识目标

（1）掌握飞机常用位置传感器的名称、工作原理和功用；

（2）掌握飞机主要位置传感器的拆装与测试方法和使用注意事项；

（3）掌握常规位置传感器的相关基础理论知识。

2. 能力目标

（1）识别和使用飞机发动机常用位置传感器；

（2）拆卸和安装飞机发动机主要位置传感器；

（3）测试和保养飞机发动机主要位置传感器。

3. 素质目标

（1）加强航空从业人员的"严、细、实"安全作风建设；

（2）养成忠于航空的职业工作道德；

（3）培养专注坚持的航空工匠精神。

一代一代钳工，会将
手艺传承下去

学习导图

通过本项目中民航飞机迎角传感器、升降舵中立位移传感器、襟翼位置传感器及常规位移传感器相关知识的学习，结合拓展阅读实现知识拓展，掌握航空位置测试相关知识。

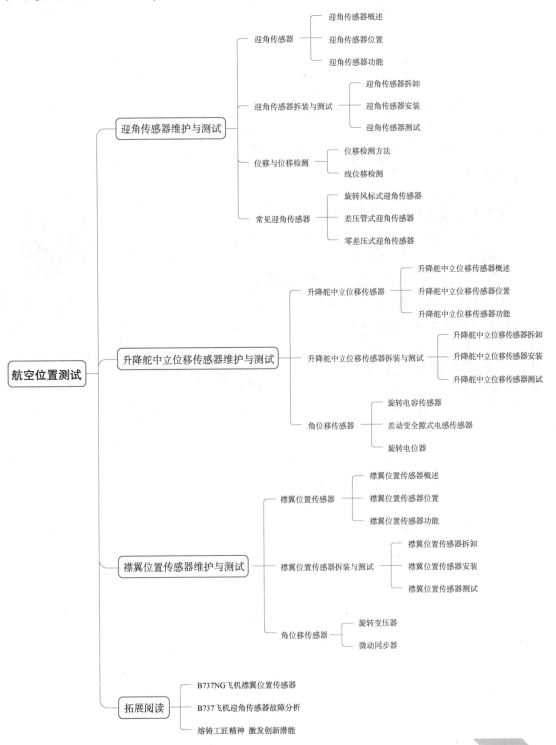

任务一　迎角传感器维护与测试

学习目标

1. 知识目标

（1）掌握迎角传感器基础知识；

（2）掌握位移测量方法；

（3）熟悉常用线位移传感器测量原理。

2. 能力目标

（1）正确拆卸迎角传感器；

（2）正确安装迎角传感器；

（3）完成迎角传感器测试及相关保养工作。

3. 素质目标

（1）加强航空从业人员真抓实干的作风建设；

（2）养成坚守承诺的职业工作道德；

（3）培养忠诚奉献的航空工匠精神。

敬业奉献

任务导入

课前任务一：请同学们回忆一下，前面我们学习了哪些传感器可以进行位移的测量？

_____

_____

课前任务二：飞机迎角传感器是如何进行迎角测量的？

_____

_____

_____

任务描述

　　小组成员按工单流程，查询相关参考资料，使用专用工具拆卸、安装、维护及检查前起落架轮舱处的左右两个迎角传感器，并根据动力参数表进行上电测试，使迎角传感器能够正确测量及指示飞机在不同飞行姿态下迎角的大小。

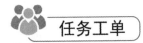

任务工单

详见任务工单 7-1-1。

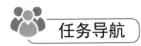

任务导航

一、迎角传感器

飞机的迎角

（一）概述

迎角传感器（AOA）是测量飞机迎角的装置，又称攻角传感器。迎角的大小与飞机的升力和阻力密切相关。迎角信号可直接指示，供驾驶员观察。在大气数据计算机中，迎角传感器的输出经补偿计算后变为真实迎角，用于静压源误差修正（见空速管），并可把此信号传输给仪表显示和失速警告系统。当实际迎角接近临界迎角而使飞机有失速的危险时，失速警告系统立即发出各种形式的警告信号。

（二）位置

迎角传感器位于前起落架轮舱左右两侧的位置。其结构如图 7-1、图 7-2 所示。

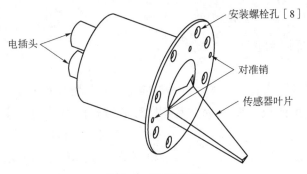

图 7-1　迎角传感器

（三）功能

迎角传感器包含解析器和电插头。每个 AOA 传感器上都有两个解析器。

左侧 AOA 传感器的解析器将 AOA 数据发送到 ADIRU 和失速管理偏航阻尼器（SMYD）1。右侧 AOA 传感器内解析器中的 AOA 数据传送到右侧 ADIRU 和 SMYD 2。迎角传感器有两个电插头，一个插头接收加热器电源并将分析器 1 的数据提供给 SMYD，另一个插头将 2 号解析器的数据传送到 ADIRU。

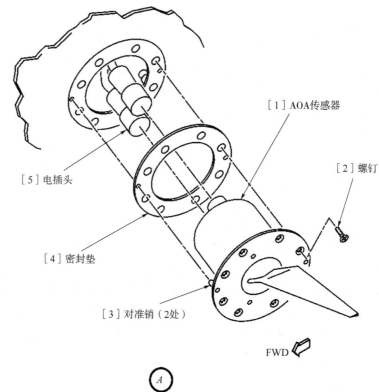

[1] AOA传感器

[2] 螺钉

[5] 电插头

[4] 密封垫

[3] 对准销（2处）

FWD

A

注：图中显示为左AOA传感器，右AOA传感器与之对称。

图7-2　迎角传感器安装结构

二、位移与位移检测

迎角传感器是位移传感器的一种。位移是向量，是指物体或其某一部分的位置相对参考点在一定方向上产生的位置变化量，因此位移的度量除要确定其大小外，还要确定其方向。

位移是机械量中最基本的参数，不仅其他机械量如力、转矩、速度、加速度和振动等均以位移测量为基础，而且位移还是许多物理量（如压力、温度、流量等）检测的中间参数，所以位移测量十分重要，是机械量检测的重点。

（一）位移检测方法

位移有直线位移和角位移两种形式，故位移的检测包括线位移的测量和角位移的测量。实际上线位移测量与长度测量属同一范畴，习惯上将对尺寸固定物体的测量称为长度测量，而将对变化尺寸的测量称为位移测量。因此，位移测量包括长度、厚度、高度、距离、镀层厚度、表面粗糙度、角度等的测量。

位移的量值范围差异很大（线位移小至毫米、微米以下，长至几十或数百毫米甚至数百米；角位移小至秒、分以下，大至几度甚或几十度），检测条件、要求各不相同，因此检测方法也多种多样，常用的位移检测方法有如下几个。

1. 测量速度积分法

通过测量运动物体的速度或加速度，经积分或二次积分求得运动物体的位移。例如，轮船的计程仪就是通过测量船速再积分得到航程的；再如在惯性导航系统中，通过测量载体的加速度，经二次积分求得载体的移动距离。

2. 回波法

回波法是利用介质分界面对波的反射原理测位移的。例如，激光、超声波测距仪就是利用分界面对激光、超声波的反射测量位移的。

3. 线位移和角位移转换法

要求测量线位移时，若测量角位移更方便，则可通过测角位移再换算成线位移；同样，要求测量角位移时，也可先测线位移再换算，间接测得角位移。例如，汽车的里程表就是通过测量车轮转数再乘以周长而得到汽车里程的。

4. 物理参数法

利用各种位移检测装置，将被测位移的变化转换成电、光、磁等物理量的变化来测量，这是应用最广泛的一种方法。可利用的检测转换原理很多，根据检测装置信号输出形式，有模拟式和数字式两大类。

总之，要根据被测对象的具体情况和测量要求，充分利用被测对象所在场合和具备的条件来设计、选择测量方法。

（二）线位移检测

位移检测装置种类繁多，可根据位移检测范围变化的大小选用。微小位移检测通常采用应变、差动变压器、电涡流、电容、霍尔等传感器，检测范围从几微米到几毫米，如物体振动振幅的测量等；大的位移检测常用光栅、磁栅、感应同步器、编码器等检测装置。

1. 电位器式位移检测装置

电位器是一种常用机电元件，它可以将机械位移变为电阻值的变化，并很容易转换成电压的变化，适用于精度要求不高的中小位移测量。

电位器通常由骨架、电阻元件及电刷（滑动触点）等组成，其形式有直线式和旋转式两种。电刷由滑动触点、臂、导向装置等组成，触点材料常用银、铂铱、铂铑等金属，电刷臂用磷青铜等弹性较好的材料，骨架常用陶瓷、酚醛树脂及工程塑料等绝缘材料。电阻元件有线绕式、薄膜式、光电式等多种类型，各类型有各自的特点，而位移电阻特性有线性和非线性两种。

图 7-3（a）所示为一种直线式电位器，图 7-3（b）所示为一种测量线位移的电位器式位移检测装置。

图 7-3（b）中，测量轴与内部电位器电刷相连，当其与被测物接触后，有位移输入时，测量轴便沿导轨移动，同时带动电刷在滑线电阻上移动，因电刷的位置变化会引起电阻变化，由电路转换成电压输出，就可以判断位移的大小。如要求同时测出位移的大小和方向，可将图中的精密无感电阻和滑线电阻组成桥式测量电路。为方便测量时测量轴来回窜动，测量轴和检测装置壳体之间装了一根拉紧弹簧。

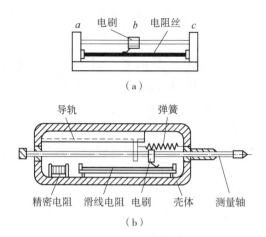

图 7-3　电位器式位移检测装置

电位器式位移检测装置测量原理与电路模型见图 7-4。

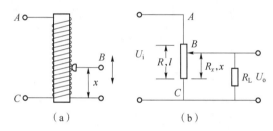

图 7-4　电位器式位移检测装置测量原理与电路模型

2. 光栅式位移检测装置传感器

光栅是一种数字式位移检测元件，其结构简单、测量范围大而且精度高，广泛应用于高精度机床和仪器的精密定位或长度、速度、加速度、振动等方面的测量。

光栅的种类很多，在检测技术中使用的是计量光栅。计量光栅按应用范围不同有透射光栅和反射光栅两种；按用途不同有测量线位移的长光栅和测量角位移的圆光栅；按光栅的表面结构不同，又可分幅值（黑白）光栅和相位（闪耀）光栅。本节主要介绍用于长度和线位移测量的透射黑白长光栅。

1）光栅位移检测装置结构传感器

用于位移测量的透射计量光栅是一种在玻璃基体上刻制有均匀分布的透光和不透光条纹的光学元件，刻制的光栅条纹密度一般为 25 条/mm、50 条/mm、100 条/mm、250 条/mm 等。

光栅位移检测装置的光源通常采用钨丝灯泡或半导体发光器件，光敏元件有光电池和光敏二极管等。在光敏元件的输出端，接有放大器，以得到足够大的输出信号。

光栅副由标尺光栅和指示光栅组成，两者栅距完全相同。标尺光栅的有效长度即测量范围，指示光栅比标尺光栅短得多。两光栅互相重叠，但保持有 0.05~0.10 mm 的间隙，可以相对运动。使用时标尺光栅固定，而指示光栅则安装在被测物体上并随之移动。

当被测物体运动时，光源发出的光透过光栅缝隙形成的光脉冲被光敏元件接收并计数，从而实现位移测量，被测物体位移=栅距×脉冲数。

2) 莫尔条纹

在用光栅测量位移时，由于刻线很密，栅距很小，而光敏元件有一定的机械尺寸，故很难分辨到底移动了多少个栅距。在实际测量时是利用光栅的莫尔条纹现象进行的。

当栅距相等的标尺光栅与指示光栅的刻线条纹相交形成一个微小的夹角 θ 时，在两个光栅的刻线重合处，光从缝隙透过，形成亮带；在两光栅刻线的错开处，由于相互挡光作用而形成暗带，于是在近似于垂直刻线条纹方向出现明暗相间的条纹，即在 a—a 线上形成亮带；在 b—b 线上形成暗带，如图 7-5 所示。这种明暗相间的条纹称为莫尔条纹，其方向与刻线条纹方向近似垂直。当指示光栅左右移动时，莫尔条纹上下移动变化。

莫尔条纹具有以下几个特点。

（1）放大作用。莫尔条纹两个亮条纹之间的宽度为其间距。从图 7-5 可知，莫尔条纹的间距 B 与两光栅夹角 θ 和栅距 W 的关系为

$$B = W/\sin\theta \approx W/\theta \tag{7-1}$$

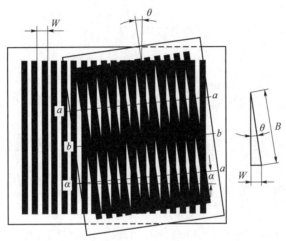

图 7-5 莫尔条纹

由式（7-1）可知，θ 越小，B 越大，调整夹角 θ 即可得到很大的莫尔条纹宽度。例如，若 $\theta = 0.001$ rad，$W = 0.01$ mm，则 $B = 10$ mm，即莫尔条纹间距是栅距的 1 000 倍。所以，莫尔条纹具有放大栅距的作用，这既使得光敏元件便于安放，让光敏元件"看清"随光栅移动所带来的光强变化，又提高了测量的灵敏度。

（2）误差平均作用。莫尔条纹是由光栅的大量刻线形成的，对光栅的刻划误差有平均作用，能在很大程度上消除光栅刻线不均匀引起的误差，因此，莫尔条纹可以得到比光栅本身刻线精度更高的测量精度。

（3）方向对应与同步性。当标尺光栅不动，指示光栅沿与光栅刻线条纹垂直的方向移动时，莫尔条纹则沿刻线条纹方向移动（两者的运动方向相互垂直）；指示光栅反向移动，莫尔条纹亦反向移动，方向一一对应。例如，在图 7-5 中，当指示光栅向左移动时，莫尔条纹向下运动。而且，当光栅移动一个栅距时，莫尔条纹也同步移动一个间距。

3) 光栅位移测量原理

光栅位移测量原理为用光敏元件接收莫尔条纹移动时光强的变化并转换为电信号输出。

如果光敏元件同指示光栅一起移动,光栅每移动一个栅距 W,光强就变化一个周期,受莫尔条纹影响,光敏元件接收的光强变化近似于正弦波,其输出电压信号的幅值 U 为光栅位移量的正弦函数,即

$$U=U_0+U_m\sin(2\pi x/W) \tag{7-2}$$

式中,U_0 为输出信号中的直流分量;U_m 为输出信号中正弦交流分量的幅值;x 为两光栅间的相对位移。

将该电压信号放大、整形为方波,再由微分电路转换成脉冲信号,经过辨向电路后送可逆计数器计数,就可得出位移量的大小,位移量为脉冲数与栅距的乘积,测量分辨力为光栅栅距 W。

随着对测量精度要求的不断提高,光栅位移检测装置需要有更高的测量分辨力,采取减小光栅栅距的办法虽然可以提高分辨力,但受制造工艺限制,潜力有限。通常采用细分技术对莫尔条纹间距进行细分,即采用内插法,使得光栅每移动一个栅距能均匀产生出 n 个计数脉冲,从而可使测量分辨力提高到 W/n。细分的方法有直接细分(位置细分)和电路细分两类,以电路细分为多,现代电子技术可以使分辨力得到大大提高。

4)光栅位移检测装置的特点

主要优点:测量量程范围大(可达数米)且同时具有高分辨力(可达 $0.01~\mu m$)和高精度;可实现动态测量;输出数字量,易于实现数字化测量和自动控制;具有较强的抗干扰能力。

主要缺点:对使用环境要求较高,怕振动,怕油污、灰尘等的污染;制造成本高。

三、常见迎角传感器

根据工作原理的不同,大致有三种测量迎角的方法,对应三种类型的迎角传感器。

(一)旋转风标式迎角传感器

旋转风标式迎角传感器是由一个具有对称剖面的翼形叶片和角度变换器构成的。叶片固定在转轴上,可以绕轴转动,如图 7-6(a)所示。当叶片中心线与气流方向平行时(即无迎角时),气动力对叶片上下面产生的压力相等,叶片将不会旋转。当飞机以某迎角飞行时,由于作用于叶片上下面的气动力不相等而产生压差,此压差使叶片相对于飞机旋转,直到其中心线与气流方向一致时为止。此时,叶片旋转的角度与迎角相等。轴旋转的角度可以用任何角度变换器变成电信号。

为了使风标在工作时比较稳定,这种风标式迎角传感器一般加有阻尼器。为了防止叶片上结冰,叶片内部应有加温装置。有时为了增加气动力矩而采用两个叶片。图 7-6(b)所示为可同时测量侧滑角的迎角侧滑角传感器。

风标式迎角传感器具有构造简单、体积小、没有原理误差等优点,在结构较完善以及安装正确的情况下,可以达到 $\pm0.1°\sim\pm0.2°$ 的精度。但受安装位置的影响较大,在高速飞机上要找到气流比较平稳的部位也是非常困难的;同时,风标易受气流微小扰动的影

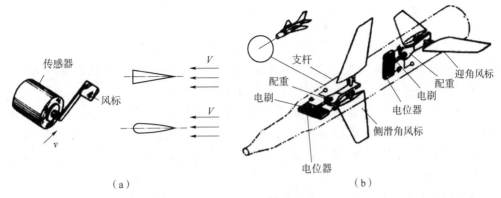

图 7-6 旋转风标式迎角传感器

响，而气流本身是不平稳的，因此就会造成风标的不稳定摆动，即使加有阻尼器这一现象也很难完全消除。

（二）差压管式迎角传感器

差压管式迎角传感器由差压管和压力传感器组成。差压管与皮托管相似，图 7-7 所示为可以测量阻滞压力、迎角、侧滑角的截锥形和球形五孔差压管。在与差压管轴线对称的上下和左右及轴线上各开一个孔。当差压管轴线与气流方向一致时，各孔引入的压力均相等；当有迎角时，压力 p_2 和 p_4 将不相等；当有侧滑角时，压力 p_2 和 p_3 将不相等。

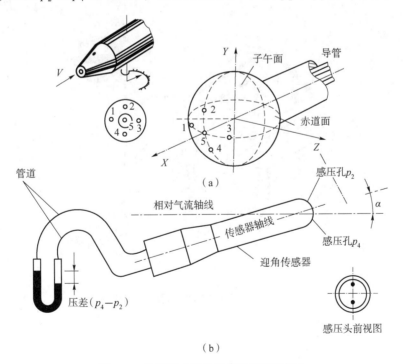

图 7-7 差压管式迎角传感器侧迎角探头

（三）零差压式迎角传感器

零差压式迎角传感器是差压式迎角传感器的一种发展。图7-8所示为目前广泛应用的一种零差压式迎角传感器的典型结构。它由探头、气室、桨叶和角度变换器等部分组成。探头是一个中间有隔板、在中心线两侧对称开有两排进气孔的圆锥体。

圆锥形探头与中间有气道的空心轴固连在空心轴上固定着桨叶和电位器电刷。在飞行中，探头的轴线平行于飞机的横轴。当迎角为零时，上下两排测压孔对称地正对着迎面气流，也就是上下两排测压孔的对称平面与气流方向间的夹角为零。此时，上下两排测压孔感受的压力相等，因而进入气室的两个压力使桨叶所受的气动力矩相等，桨叶不动。

当飞机以某迎角飞行时，探头上下两排测压孔的对称平面与迎面气流的方向不同，相互间存在一个 α 角。这时，上下两测压孔感受的压力 p_1 和 p_2 将不再相等，两压力进入气室后将使桨叶带着电刷转动（桨叶转动的力矩与两压力差成比例），并由空心轴带动探头转动。当探头转至上下两排测压孔位置与气流方向对称时，压差为零，桨叶以及整个活动部分都停止转动。可以看出，桨叶和电刷旋转的角度与迎角相等，电位器输出的信号与迎角成比例。

零差压式迎角传感器实际上是一个反馈测量系统，因而误差较小。零差压式迎角传感器的主要误差源是各种摩擦力矩以及不平衡质量。所以，加工质量（对称性、表面粗糙度）对传感器的精度影响很大。和其他各种迎角测量法一样，安装位置误差也是它的主要误差。这个误差是造成所有迎角测量法都不能准确测量出真实迎角的主要原因。因此，在安装迎角传感器时都应寻找气流扰动较小的部位，或者应用两个传感器并尽可能地安装在飞机的对称面内。

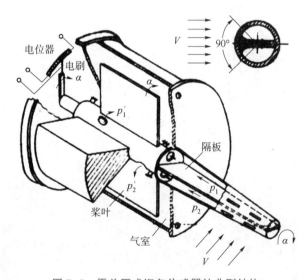

图7-8 零差压式迎角传感器的典型结构

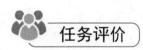 任务评价

以小组为单位，组内互相评价，占比40%；指导教师评价，占比60%。

序号	评价项目	评价内容	分值	学员互评（40%）	教师评价（60%）
1	专业能力（70分）	课前任务一的完成情况（可以进行位移测量的传感器）	5		
2		课前任务二的完成情况（迎角传感器测量迎角的工作原理）	5		
3		正确选用工具及清点	5		
4		正确选用耗材	5		
5		正确查询和使用参考资料	5		
6		正确完成拆卸前的准备工作	5		
7		正确完成拆卸任务	10		
8		正确完成安装前的准备工作	5		
9		正确完成安装任务	10		
10		正确完成检查与测试任务	10		
11		清点、检查、维护工具和耗材，清扫和整理现场	5		
12	职业素养（30分）	埋头实干的工作作风	10		
13		坚守承诺的职业工作道德	10		
14		忠诚奉献的航空工匠精神	10		
		得分	100		
姓名：		学号：		总得分：	评价人：

学习体会

通过本次项目的实施，都学到了哪些技能与知识？小结一下。

_____

_____

_____

思考练习

（1）迎角传感器属于哪一种位移传感器？试说出其测量原理。

（2）迎角传感器位于飞机_____位置。

（3）位移传感器有哪些种类？莫尔条纹有哪些特点？

任务二 升降舵中立位移传感器维护与测试

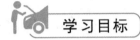 **学习目标**

1. 知识目标

（1）掌握升降舵中立位移传感器基础知识；

（2）掌握角位移传感器基础知识；

（3）熟悉拓展阅读相关理论知识。

2. 能力目标

（1）正确拆卸升降舵中立位移传感器；

（2）正确安装升降舵中立位移传感器；

（3）完成升降舵中立位移传感器测试及相关保养工作。

3. 素质目标

（1）加强航空从业人员实事求是的作风建设；

（2）养成零缺陷、无差错航空职业素养；

（3）培养迎难而上的航空工匠精神。

迎难而上：数控
铣工"亮剑"

 任务导入

课前任务一：常见的角位移传感器有哪些种类？

_____

_____

_____

课前任务二：说说升降舵中立位移传感器的功能是什么。

_____

_____

_____

任务描述

　　小组成员按工单流程，查询相关参考资料，使用专用工具拆卸、安装、维护及检查尾舱处的升降舵中立位移传感器，并根据动力参数表进行上电测试，使升降舵中立位移传感器正确测量及指示飞机在俯仰条件下升降舵偏离中立位置的角度。

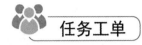

任务工单

详见任务工单 7-2-1。

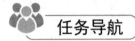

任务导航

一、升降舵中立位移传感器

飞机平衡性

（一）概述

升降舵中立位移传感器属于双重同步器传感器，双重同步器传感器包括两个同步器和两个输出。双重同步器传感器感测副翼、升降舵、升降舵中立位移、扰流板 4、扰流板 9、安定面（传感器 A）操纵面的位置。

（二）位置

升降舵中立位移传感器位于尾舱左、右位置，如图 7-9、图 7-10 所示。

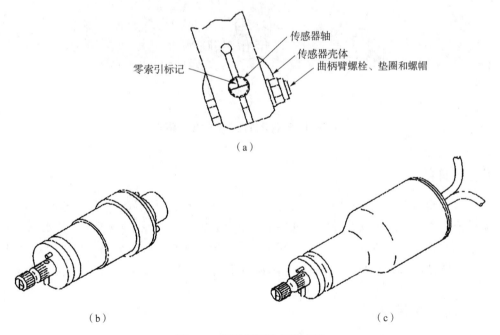

（a）

（b）　　　　　　　　　　　　　　　　　（c）

图 7-9　受控舵面位置传感器

（a）位置传感器装置；（b）单独的同步位置传感器；（c）双重的同步位置传感器

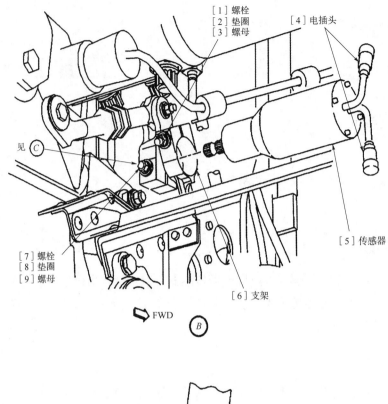

图中标注：
- [1] 螺栓
- [2] 垫圈
- [3] 螺母
- [4] 电插头
- [5] 传感器
- [6] 支架
- [7] 螺栓
- [8] 垫圈
- [9] 螺母
- 见 C
- FWD
- B

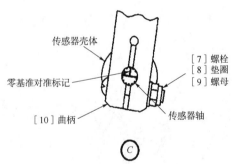

图中标注：
- 传感器壳体
- 零基准对准标记
- [10] 曲柄
- [7] 螺栓
- [8] 垫圈
- [9] 螺母
- 传感器轴
- C

图 7-10　安装升降舵中立位移传感器

（三）功能

水平安定面和升降舵一起操作以对飞机进行俯仰控制。对于每个水平安定面位置，有一处升降舵位置作为一个操纵面操作，这是中立偏移位置。升降舵中间位移传感器提供与升降舵中间基准位置成比例的电信号，升降舵中间位移传感器测量升降舵感应和定中心组件的移动。一个传感器输出进入 FCCA，而另一个输出进入 FCCB。

二、角位移传感器

许多测量线位移的检测装置，只要在结构上做适当变动，就可以用于角位移的测量。图 7-11 是一种测量角位移的旋转电容传感器；图 7-12（a）和图 7-12（b）是两种差动旋转电容传感器；图 7-13 是一种变气隙式电感角位移传感器；图 7-14 是一种测量角位移的旋转电位器。

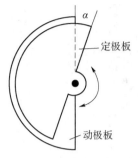

图 7-11　旋转电容传感器

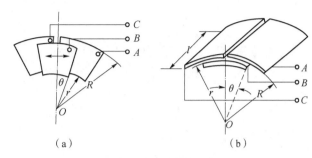

（a）　　　　　　　　　（b）

图 7-12　差动旋转电容传感器

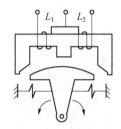

图 7-13　差动变隙式电感角位移传感器

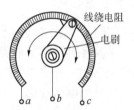

图 7-14　旋转电位器

（一）旋转电容传感器

旋转电容传感器是一种半圆形变面积电容传感器。对如图 7-15（c）所示的半圆形变面积电容式传感器而言，当两个极板重合时，$C_0 = \dfrac{\varepsilon A_0}{d}$，当动极板转动 θ 角后，电容变为

$$C_x = C_0\left(1 - \frac{\theta}{\pi}\right) \tag{7-3}$$

电容量的相对变化为

$$\frac{\Delta C}{C_0} = -\frac{\theta}{\pi} \tag{7-4}$$

由上述三种类型的变面积电容式传感器可以看出，电容的相对变化与位移的大小成正比，但方向相反，因为面积变化总是在减小。

变面积电容式位移传感器的特点：可以测量较大位移的变化，常为厘米级位移量。为了提高测量灵敏度，变面积电容式位移传感器也常做成差动式结构，如图 7-15 所示，这样其输出灵敏度可提高一倍。

（二）差动变隙式电感传感器

差动变气隙式电感传感器可用于角度的测量，其工作原理与线位移变气隙式电感传感器的工作原理类似，此外，差动变气隙式电感角位移传感器还可做成四极、八极、十六极型同步器等，一般可分辨零点几角秒以下的微小角位移，线性范围达 ±10°。

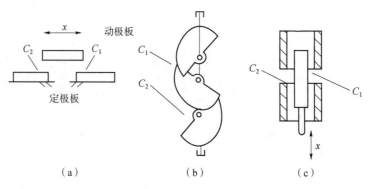

（a）　　　　　　　　　　（b）　　　　　　　　（c）

图 7-15　差动式电容传感器结构

（三）旋转电位器

旋转电位器又叫电位器式角位移传感器，其结构如图 7-16 所示，传感器的转轴与被测角度的转轴相连，电刷在电位器上转过一个角位移时，在检测输出端有一个与转角成比例的电压输出。

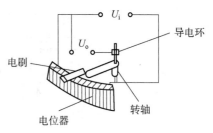

图 7-16　电位器式角位移传感器结构

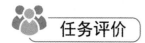 **任务评价**

以小组为单位，组内互相评价，占比 40%；指导教师评价，占比 60%。

序号	评价项目	评价内容	分值	学员互评（40%）	教师评价（60%）
1	专业能力（70分）	课前任务一的完成情况（常见角位移传感器的种类）	5		
2		课前任务二的完成情况（升降舵中立位移传感器的功能）	5		
3					
4		正确选用工具及清点	5		
5		正确选用耗材	5		
6		正确查询和使用参考资料	5		
7		正确完成拆卸前的准备工作	5		
8		正确完成拆卸任务	10		
9		正确完成安装前的准备工作	5		
10		正确完成安装任务	10		
11		正确完成检查与测试任务	10		
		清点、检查、维护工具和耗材，清扫和整理现场	5		

续表

序号	评价项目	评价内容	分值	学员互评 (40%)	教师评价 (60%)
12	职业素养 (30分)	实事求是的作风建设	10		
13		零缺陷、无差错航空职业素养	10		
14		迎难而上的航空工匠精神	10		
得分			100		
姓名：	学号：		总得分：		评价人：

 学习体会

通过本次项目的实施，都学到了哪些技能与知识？小结一下。

_____

_____

_____

 思考练习

（1）试说说升降舵中立位移传感器的功能。

（2）旋转式电容传感器的特点是什么？

（3）总结一下在拆装升降舵中立位移传感器时应该注意的事项。

（4）试说明旋转电位器是如何测量角度的。

任务三　襟翼位置传感器维护与测试

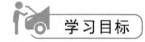 **学习目标**

1. 知识目标

（1）掌握襟翼位置传感器基础知识；

（2）掌握几种角位移传感器基础知识；

（3）熟悉拓展阅读相关理论知识。

2. 能力目标

（1）正确拆卸襟翼位置传感器；

（2）正确安装襟翼位置传感器；

（3）完成襟翼位置传感器测试及相关保养工作。

3. 素质目标

（1）加强航空从业人员精益求精的作风建设；

（2）养成敬重装备的航空职业素养；

（3）培养爱钻研、肯下功夫的航空工匠精神。

精益求精：匠心传承，
带领团队做模具的守护者

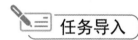 **任务导入**

课前任务一：回顾前面所学知识，说说角位移测量都使用哪些传感器。

_____

_____

_____

课前任务二：说说襟翼位置传感器的工作原理。

_____

_____

_____

 任务描述

　　小组成员按工单流程，查询相关参考资料，使用专用工具拆卸、安装、维护及检查整流罩襟翼支架处的襟翼位置传感器，并根据动力参数表进行上电测试，使襟翼位置传感器能够正确测量及指示襟翼位置。

任务工单

详见任务工单 7-3-1。

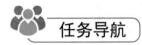

任务导航

一、襟翼位置传感器

马赫空速表拆装

（一）概述

襟翼位置传感器内部如图 7-17 所示，双向凸轮和凸轮随动臂是主要部件，双向凸轮将襟翼扭力输入到传感器，转化为和襟翼位置相关联的非线性映射。凸轮随动臂通过扭力弹簧保持在凸轮上运动，从而为同步器提供信号输入。当襟翼收上时，凸轮的型面半径逐渐增大，向外顶着凸轮随动臂运动。而在襟翼放出时，凸轮的型面半径逐渐减小，凸轮随动臂要靠扭力弹簧的作用来保持与凸轮型面的紧密接触。

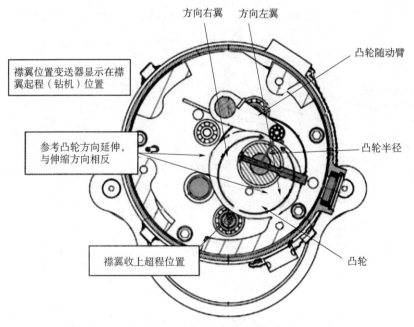

图 7-17 襟翼位置传感器结构

（二）位置

襟翼位置传感器位于左机翼的 1 号整流罩襟翼支架和右机翼的 8 号整流罩襟翼支架上，如图 7-18、图 7-19 所示。

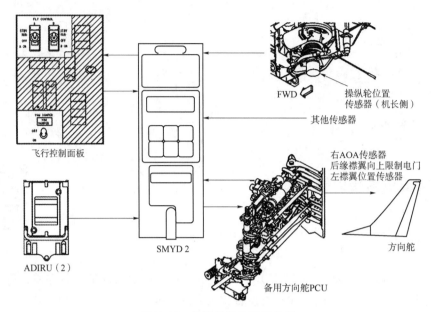

FWD

操纵轮位置
传感器（机长侧）

其他传感器

飞行控制面板

右AOA传感器
后缘襟翼向上限制电门
左襟翼位置传感器

方向舵

ADIRU（2）

SMYD 2

备用方向舵PCU

图 7-18　襟翼位置传感器位置

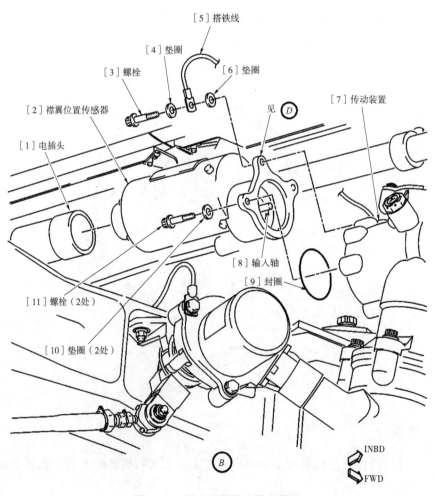

［5］搭铁线

［4］垫圈

［3］螺栓

［6］垫圈

见　D

［7］传动装置

［2］襟翼位置传感器

［1］电插头

［8］输入轴

［9］封圈

［11］螺栓（2处）

［10］垫圈（2处）

B

INBD

FWD

图 7-19　襟翼位置传感器安装图

（三）功能

襟翼位置传感器由一个安装在齿轮箱上的同步传感器构成，齿轮箱是一对由扭力管驱动的正齿轮组成。齿轮箱带动传感器传动轴转动，给 P2 板上的指示器输出电信号解析成角度指示。这种类型的传感器是可以调节的，通过人工转动传感器传动轴，调节传感器和实际襟翼位置达到一致。

二、角位移传感器

（一）旋转变压器

旋转变压器是一种基于电磁感应原理工作的精密角度位置检测装置，又称分解器，它将机械转角变换成与该转角呈某一函数关系的电信号。图 7-20 所示为旋转变压器结构。

旋转变压器结构简单，动作灵敏，对环境无特殊要求，维护方便，输出信号幅度大，抗干扰能力强，工作可靠。因此，广泛应用在伺服控制系统、机器人、数控机床、汽车、电力、冶金、航空航天、船舶、矿山等领域的角度位置检测系统中。

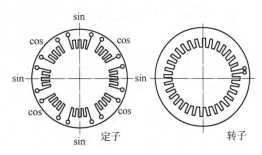

图 7-20　旋转变压器结构

旋转变压器由定子和转子组成，定子绕组为变压器的原边，转子绕组为变压器的副边。交流激磁电压接到定子绕组上，感应电动势由转子绕组输出。常用的激磁频率为 400 Hz、500 Hz、1 000 Hz 和 5 000 Hz。

旋转变压器在结构上分为有刷和无刷两种。有刷结构的定子和转子上均为轴线呈相互垂直的两相绕组，转子绕组的端点通过电刷和滑环引出。无刷旋转变压器由分解器和变压器两大部分组成，分解器包括定子和转子，定子线圈接外加励磁电压，转子线圈输出端连接到变压器的一次绕组；变压器用来取代电刷和滑环传输检测信号，其一次绕组与分解器转子轴固定在一起，二次绕组固定在旋转变压器的壳体上，引出最后的输出信号。

通常应用的旋转变压器为二极旋转变压器，其定子和转子各有一对磁极。此外还有四极和多极式旋转变压器，主要用于高精度检测系统。下面以二极无刷旋转变压器为例介绍。

图 7-21 所示为二极旋转变压器绕组结构。定子上激磁绕组和辅助绕组的轴线互成 90°，在转子上两个输出绕组——正弦输出绕组和余弦输出绕组的轴线也互成 90°，一般将其中一个绕组（如 Z_1、Z_2）短接。

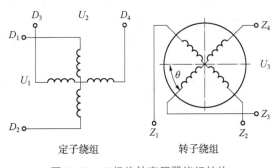

图 7-21　二极旋转变压器绕组结构

旋转变压器是根据互感原理工作的，当励磁电压加到定子绕组上时，通过电磁耦合，转子绕组中便产生感应电动势。设加在定子绕组的励磁电压为 $U_1 = U_m \sin(\omega t)$，由于旋转变压器在结构上保证了定子和转子间气隙内的磁通呈正（余）弦规律分布，所以转子绕组产生的感应电动势为

$$U_3 = kU_m \sin(\omega t)\sin\theta \tag{7-5}$$

式中，U_m 为励磁电压幅值；k 为变压比（即转、定子绕组匝数比）；ω 为励磁电压角频率；θ 为转子转角。

由式（7-5）可见，转子输出电压大小取决于定子和转子两绕组轴线的空间相互位置，两者垂直时 $\theta = 0°$，U_3 为零；两者平行时 $\theta = 90°$，U_3 最大。图7-22所示为转子转角与转子绕组感应电动势的对应关系。

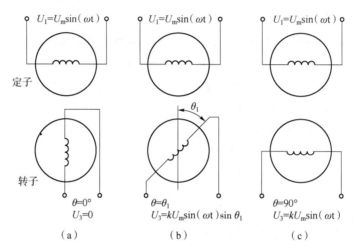

图7-22 转子转角与转子绕组感应电动势的关系

（二）微动同步器

从原理上来说，微动同步器就是变面积式差动变压器，它是一种高精度的角位移检测装置。在一定的转子转角范围内，当励磁电压幅值和频率一定时，其输出电压正比于转子转角。通常采用的励磁电压为5~50 V，60~5 000 Hz。

微动同步器结构如图7-23所示，其由四极定子和两极转子组成。定子的每个极上有两个绕组，将各极中的一个绕组串联，组成初级励磁回路；将各极中的另一个绕组串联，组成次级感应回路。励磁回路4个绕组的连接原则是当加上等幅交流电压时，在励磁电流的某半周内各极上的磁通方向如图7-23中的箭头所示。次级感应回路的连接原则是使总的输出电压是Ⅰ、Ⅲ极和Ⅱ、Ⅳ极上感应电压之差。微动同步器定子绕组的接线方式如图7-24所示。按图7-24所示的绕组接线方式，次级绕组总感应输出电压为

$$\dot{U}_0 = e_{22} + e_{24} - (e_{21} + e_{23}) = k\theta \tag{7-6}$$

式中，k 为微动同步器的灵敏度；θ 为转子的转角；$e_{2i}(i=1,2,3,4)$ 为各次级绕组感应电压。

当转子转到如图7-23所示的对称于定子的位置时，定子和转子之间的4个气隙几何形状完全相同，各极的磁通相等，从而使Ⅰ、Ⅲ极上的感应电压与Ⅱ、Ⅳ极上的感应电压相等，总的输出电压为零，转子被看成是处于零位。若转子偏离零位一个角度，则4个气隙不

再相同，造成各极磁通的变化量不同，其中一对磁极的磁通量减小，另一对磁极的磁通量增加。这样，次级就有一个正比于转子角位移的电压输出。当转动方向改变时，输出电压也有180°的相位跃变。微动同步器的测量范围为±5°～±40°，线性度优于0.1%。

微动同步器式角位移传感器的输出电压也是一种调幅波，需要配上必要的具有解调与检波功能的测量电路。

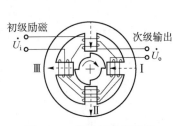

图7-23　微动同步器结构

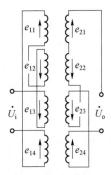

图7-24　微动同步器定子绕组接线方式

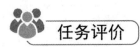
任务评价

以小组为单位，组内互相评价，占比40%；指导教师评价，占比60%。

序号	评价项目	评价内容	分值	学员互评（40%）	教师评价（60%）
1	专业能力（70分）	课前任务一的完成情况（角位移测量使用的传感器）	5		
2		课前任务二的完成情况（襟翼位置传感器的工作原理）	5		
3		正确选用工具及清点	5		
4		正确选用耗材	5		
5		正确查询和使用参考资料	5		
6		正确完成拆卸前的准备工作	5		
7		正确完成拆卸任务	10		
8		正确完成安装前的准备工作	5		
9		正确完成安装任务	10		
10		正确完成检查与测试任务	10		
11		清点、检查、维护工具和耗材，清扫和整理现场	5		

续表

序号	评价项目	评价内容	分值	学员互评（40%）	教师评价（60%）
12	职业素养（30分）	精益求精的作风建设	10		
13		敬重装备的航空职业素养	10		
14		爱钻研、肯下功夫的航空工匠精神	10		
		得分	100		
姓名：		学号：	总得分：		评价人：

 学习体会

通过本次项目的实施，都学到了哪些技能与知识？小结一下。

_____

_____

_____

 思考练习

（1）襟翼位置传感器属于_____角传感器，位于_____。

（2）角位移传感器有哪些类型？

（3）试说明旋转变压器是如何进行角度测量的。

（4）微动同步器由_____和_____组成，它的实质是_____。

 拓展阅读

阅读一：B737NG 飞机
襟翼位置传感器

阅读二：B737 飞机迎角
传感器故障分析

阅读三：熔铸工匠精神
激发创新潜能

项目八　航空动态参数测试

 项目描述

在飞机发动机的测试工作中，需要对主要参数进行上电测试，上电测试不仅能够掌握发动机的当前工作状态，还可以为发动机的性能分析提供可靠参数。根据工艺流程测试发动机主要动态参数是航空从业者的一项基本职业能力要求。本项目包括发动机加速检查动态测试、发动机功率保证检查动态测试、发动机振动调查动态测试等任务。

 学习目标

1. 知识目标

（1）熟悉常用的动态参数测试名称、原理；

（2）熟悉发动机动态参数测试的原理；

（3）熟悉发动机动态参数测试方法。

2. 能力目标

（1）会进行发动机相关测试检查；

（2）会查动力装置参数表；

（3）会进行相关零件保养工作。

3. 素质目标

（1）加强航空从业人员"三敬畏"的安全作风建设；

（2）养成扎实认真的航空职业素养；

（3）培养无私奉献的航空工匠精神。

中国航空发动机的难题，
被一名车间工人解决

169

学习导图

通过本项目中加速检查测试、功率保证测试、振动保证测试内容的学习，对照工作清单按要求进行动力装置相关测试，检查动力装置性能是否符合使用要求，监控分析发动机性能是否可靠。

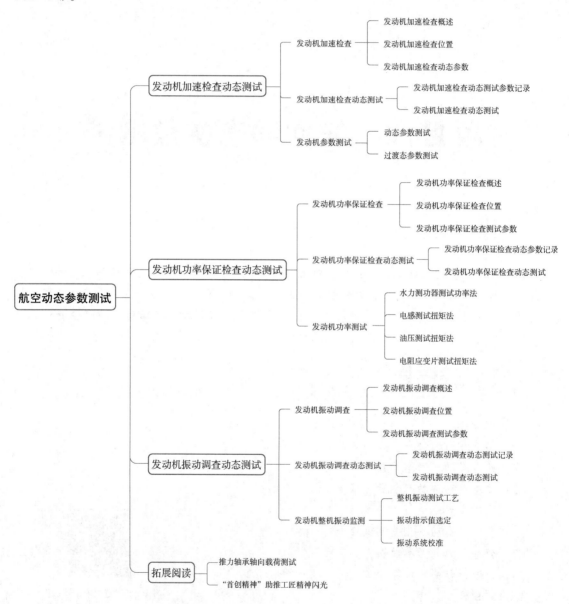

任务一　发动机加速检查动态测试

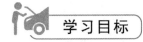 **学习目标**

1. 知识目标

（1）熟悉发动机加速检查测试基础知识；

（2）熟悉动态测试的概念；

（3）熟悉过渡态参数测试的概念。

2. 能力目标

（1）正确进行发动机加速检查；

（2）正确记录发动机加速检查相关动态参数；

（3）会进行加速检查测试故障分析。

3. 素质目标

（1）加强航空从业人员恪尽职守的作风建设；

（2）养成按章操作的航空职业素养；

（3）培养不畏艰难的航空工匠精神。

恪尽职守，不畏艰难：
匠心铸就国防利剑

 任务导入

课前任务一：说说传感器进行测试的性能指标参数包括哪些？

_____

_____

课前任务二：发动机进行加速检查测试的意义是什么？

_____

_____

_____

 任务描述

　　小组成员按工单流程，查询相关参考资料，结合专业及通用理论知识，正确进行加速检查系统相关接线，掌握专用工具操作方法，记录高低温启动和加速时的瞬态、稳态参数，会根据加速动态测试结果进行发动机相关性能分析和故障诊断。

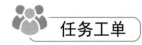

详见任务工单 8-1-1。

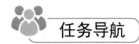

一、发动机加速检查

动态测试系统

（一）概述

对于发动机的瞬时性能分析，加速检查是良好的测试。需要注意的是，在测试过程中不得使用自测试功能。加速检查测试可以确保发动机有常规的加速性能，在启动过程中，记录高低温启动和加速时的瞬态参数。在启动后稳定状态时，记录高低温启动和加速时的稳态参数。

（二）位置

发动机进行加速检查测试的位置是在左侧驾驶舱、右侧驾驶舱、发动机 1、发动机 2 上进行的。

（三）参数

加速检查参数测试数据如表 8-1 所示。

表 8-1　N2/OAT 加速检查参数测试数据

OAT/℉（℃）	N2/%	OAT/℉（℃）	N2/%	OAT/℉（℃）	N2/%	OAT/℉（℃）	N2/%
−40（−40）	65.0	−20（−29）	66.5	0（−18）	68.0	19（−7）	69.5
−38（−39）	65.1	−18（−28）	66.7	1（−17）	68.1	21（−6）	69.6
−36（−38）	65.3	−17（−27）	66.8	3（−16）	68.3	23（−5）	69.7
−35（−37）	65.4	−15（−26）	66.9	5（−15）	68.4	25（−4）	69.9
−33（−36）	65.5	−13（−25）	67.1	7（−14）	68.6	27（−3）	70.0
−31（−35）	65.7	−11（−24）	67.2	9（−13）	68.7	28（−2）	70.1
−29（−34）	65.8	−9（−23）	67.4	10（−12）	68.8	30（−1）	70.3
−27（−33）	66.0	−8（−22）	67.5	12（−11）	69.0	32（0）	70.4
−26（−32）	66.1	−6（−21）	67.6	14（−10）	69.1	34（1）	70.5
−24（−31）	66.2	−4（−20）	67.8	16（−9）	69.2	36（2）	70.6
−22（−30）	66.4	−2（−19）	67.9	18（−8）	69.4	37（3）	70.8

续表

OAT/℉(℃)	N2/%	OAT/℉(℃)	N2/%	OAT/℉(℃)	N2/%	OAT/℉(℃)	N2/%
39(4)	70.9	61(16)	72.4	82(28)	73.9	104(40)	75.4
41(5)	71.0	63(17)	72.6	84(29)	74.0	106(41)	75.5
43(6)	71.1	64(18)	72.7	86(30)	74.2	108(42)	75.6
45(7)	71.3	66(19)	72.8	88(31)	74.3	109(43)	75.7
46(8)	71.4	68(20)	72.9	90(32)	74.4	111(44)	75.9
48(9)	71.5	70(21)	73.0	91(33)	74.5	113(45)	76.0
50(10)	71.7	72(22)	73.2	93(34)	74.6	115(46)	76.1
52(11)	71.8	73(23)	73.3	95(35)	74.8	117(47)	76.2
54(12)	71.9	75(24)	73.4	97(36)	74.9	118(48)	76.3
55(13)	72.0	77(25)	73.5	99(37)	75.0	120(49)	76.5
57(14)	72.2	79(26)	73.7	100(38)	75.1	122(50)	76.6
59(15)	72.3	81(27)	73.8	102(39)	75.3		

二、发动机参数测试

（一）动态参数测试

被测物理量随时间变化是动态参数测试的主要特征，测试的任务就是要定量或定性地（取决于测试要求和测试手段或设备的完善）确定被测物理量的变化规律。由测试原理可知，被测信号随时间的变化情况不同时，测试方法和数据分析的方法也不同。在制定动态参数的测试方案和配置相应测试仪器和数据分析装置时，必须对被测信号的种类和性质有所分析。

动态信号在时域上可以大致分为周期信号、过渡态信号和随机信号三类。动态信号也可以通过数字变换（由专门的变换装置来实现）表示为不同频率的各种正弦波信号的叠加，即表示为频率的函数。这就表现了被测信号的频率特性，故称为频域表示法。

正是由于动态信号本身固有的这些特点，要求相应的测试系统具有合适的频率响应特性，信号处理技术要求完全不同于稳态的参数测试。信号处理通常包括均值分析（时均值、均方根值等）、相关分析、谱分析（频谱和功率谱分析）和幅值概率密度分析等内容。

一般在发动机测试中，动态参数测试的应用有：

（1）发动机过渡过程的参数测试，包括在发动机起动、加速、减速、接通或切断加力等过程中，对转速、压力、温度、位移、推力等的参数测试。

（2）发动机非稳态监测和性能研究，如压气机旋转失速、喘振中的非定常流测试，加力燃烧室振荡燃烧监测，燃油系统附件自激振荡排故等。

（3）飞机进气道与发动机相容性研究。

（4）发动机振动测试、结构件的动应力测试、噪声测试等。

（二） 发动机过渡态参数测试

发动机过渡态参数测试，是指发动机以一个稳定状态（通常指转速稳定）到另一个稳定状态之间的过渡过程中的参数测试。例如，发动机工作中往往都要经过起动、加速、减速、接通或切断加力等非稳定状态的过程，这些过程就是过渡态过程。

1. 过渡态测试特点

1）测试系统要有较小的时间常数

发动机过渡过程的时间范围，可从零点几秒的瞬态到几十秒的缓变准稳态；信号频率为 $1 \sim 100 \, Hz$。为了能准确、实时地反映各个被测参数随时间的变化过程，测试系统必须有较小的时间常数。或者说，测试系统应具备较好的频响特性。为此，测试系统中一次传感器及二次仪表（放大器、记录仪）相对稳态测试有特殊的考虑和选择，以免测试系统的动态响应不好而造成被测信号的失真。

2）多参数、多通道信号的同步采集

发动机的过渡态测试，涉及转速、压力、温度、燃油流量、推力、线（角）位移、电量等多种物理参数，少则近十个，多则二十多个。为了分析、研究这些参数在状态变化过程中各自的规律及相互关系，测试系统必须能同步记录下它们随时间的变化规律。

3）信号处理的实时性

在排故试验中，往往需要摸索规律，不断进行对比。这就要求过渡态测试能及时提供数据、曲线，以作为分析、调整的依据。许多试验的过渡态数据或曲线也应能进入动态数据库，以便作二次数据处理或资料保存。

4）过渡态参数的校准

过渡态参数的多样性决定了各种参数各自的校准手段和方法，通常这种校准是在测试现场进行的（传感器+放大器+记录仪系统校准）。作为动态测试的一部分理应对每一参数及通道都进行动态校准，这样将使过渡态参数的校准难度和工作量大为增加。所以，实际测试中只对被测信号和测试系统的动态特性作出评估，仍然只作稳态校准而用于过渡态测试。因其动态误差较大，对于瞬变信号只能作定性或半定量测试。

2. 过渡态参数测试和传感器选择

过渡态参数测试广泛采用了非电量电测技术。这些过渡态参数的信号形式主要是频率量和模拟量两类。例如，来自转速电动机输出的转速信号和来自涡轮流量计的燃油流量信号均是频率量。

过渡态的温度测量都采用热电偶测试。为了使热电偶有较小的时间常数，结构上采用裸露式细电偶丝，工艺上采用非球形对接焊接点，按垂直气流方向安装。设计加工完的热电偶最好在热风洞中作动态校准，确定其时间常数。压力受感部应采用较短而粗的传压管，以免其本身的频响特性增加动态误差。

过渡态测试用的压力传感器种类很多，如电感式、电容式、涡流式、应变式、固态压阻式等。选用时，必须考虑频响特性应当满足测试要求。在安装时，为了避免管腔效应和容腔效应而降低频响特性，应贴近发动机压力受感部的接头端，当然还需考虑温度、振动等恶劣环境造成的损坏。推力、线位移、角位移等传感器应与被测部件刚性连接和安装，避免间隙过大造成机械滞后。

3. 过渡态参数测试的二次仪表配置

过渡态参数测试的二次仪表主要指记录仪表，可分为三类。

第一类是纯模拟信号记录仪，如光线示波记录仪，其优点是简便、直观，能迅速提供参数　时间示波曲线；缺点是读值困难，缺少二次数据处理的自动化手段，资料保存不便。

第二类是数字记录系统，它实际是一套快速数据采集装置。根据测试需要选择的多通道模拟信号调理板、高速模拟量采集板、数字量采集板可直接插入计算机或工业控制机的内部插槽中，记录系统的结构很紧凑。由于记录系统的数据采样率很高（每秒几万次到几十万次），使过渡态参数测试直接变成数字记录，并可以实现数据的各种处理。

第三类是介于前两类之间的带数字存储功能的波形监测记录仪，它能实时记录的频率响应在 500 Hz 以上，而存储记录的频率响应可达 10~20 kHz。其共同特点是：均有实时热迹波形输出，并且可通过面板的键盘预先作曲线的数据或字母标志；均有数据存储器，通过标准接口可与计算机相接，增强了数据处理的能力；输入都可配置各种信号适调器，避免加接其他二次仪表，自成一个完整的独立仪表，非常适合现场使用。

 任务评价

以小组为单位，组内互相评价，占比 40%；指导教师评价，占比 60%。

序号	评价项目	评价内容	分值	学员互评（40%）	教师评价（60%）
1	专业能力（70分）	课前任务一完成情况（传感器进行测试的性能指标参数）	5		
2		课前任务二完成情况（发动机进行加速检查测试的意义）	5		
3		正确选用工具及清点	5		
4		正确选用耗材	5		
5		正确查询和使用参考资料	5		
6		正确完成测试的准备工作	10		
7		正确完成测试任务	30		
8		清点、检查、维护工具和耗材，清扫和整理现场	5		
9	职业素养（30分）	严格遵守"三敬畏"的安全要求	10		
10		扎实认真的航空职业素养	10		
11		不畏艰难的航空工匠精神	10		
得分			100		
姓名：	学号：		总得分：		评价人：

 学习体会

通过本次项目的实施，都学到了哪些技能与知识？小结一下。

_____

_____

_____

 思考练习

（1）发动机进行加速检查测试时需要记录哪些参数？

（2）什么是瞬态测试？什么是稳态测试？什么是过渡态测试？

（3）过渡态测试的特点有哪些？

（4）动态信号在时域上可以大致分为_____、过渡态信号和_____三类。

任务二　发动机功率保证检查动态测试

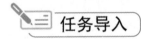

学习目标

1. 知识目标

（1）熟悉发动机功率保证检查动态测试基础知识；

（2）熟悉一般发动机功率测试相关知识；

（3）掌握几种测试功率的方法。

2. 能力目标

（1）正确进行发动机功率保证检查测试；

（2）正确记录发动机功率保证检查测试相关动态参数；

（3）会进行功率保证检查测试故障分析。

3. 素质目标

（1）加强航空从业人员爱岗敬业的作风建设；

（2）养成雷厉风行、不拖沓的航空职业素养；

（3）培养百折不挠的航空工匠精神。

百折不挠

任务导入

课前任务一：通过课前预习，大家说说什么是功率测试，进行功率测试的意义是什么？

_____

_____

_____

课前任务二：发动机进行功率测试的方式有哪些类型？

_____

_____

_____

任务描述

　　小组成员按工单流程，查询相关参考资料，结合专业及通用理论知识，正确进行功率保证检查动态测试系统相关接线，掌握专用工具操作方法，记录起飞功率、EGT 限制，会根据发动机功率保证检查动态测试结果进行相关性能分析和故障诊断。

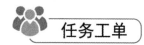

详见任务工单 8-2-1。

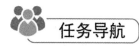

发动机功率
保证测试

一、发动机功率保证检查

（一）概述

发动机功率保证检查动态测试的目的是确保发动机获得起飞功率而 EGT 或 N2 不在红线范围内。对特定的 N1/%，该检查将计算最大 EGT 和 N2/% 目标值。该检查在三个不同的 N1 速度——65%、70% 或 75% 之一时进行，测试时建议以 65N1/% 进行初始检查。如果测试失败，那么以较高 N1 速度进行之后的测试。注意在高于海平面的机场操作飞机时，该程序也会提供调整 EGT 限度的步骤（产生一最大 EGT 的高度修正值）。

（二）位置

发动机功率保证检查动态测试在左侧驾驶舱、右侧驾驶舱、发动机 1、发动机 2 四个位置进行。

（三）测试参数

发动机进行功率保证检查测试需要执行以下参数，如表 8-2、表 8-3 和表 8-4 所示。

表 8-2　MPA 测试表

参数	校正值
EGT	0.8 ℃
N2	0.03%

表 8-3　高度调整系数

高度/ft[②]	发动机型号[①]								
	7B20	7B22	7B22/B1	7B24	7B24/B1	7B26 7B26/B1	7B26/B2	7B27 7B27/B3	7B27/B1
<0	24	0	0	0	5	7	0	0	0
0	24	0	0	0	5	7	0	0	0
1 000	24	0	0	0	6	7	0	2	0
2 000	24	0	0	0	7	8	0	3	0

续表

高度/ ft②	发动机型号①								
	7B20	7B22	7B22/B1	7B24	7B24/B1	7B26 7B26/B1	7B26/B2	7B27 7B27/B3	7B27/B1
3 000	24	0	0	0	7	8	0	5	0
4 000	24	0	0	0	8	6	0	5	0
5 000	24	0	0	0	5	4	0	0	0
6 000	18	0	0	0	3	0	0	0	0
7 000	12	0	0	0	0	0	0	0	0
8 000	6	0	0	0	0	0	0	0	0
9 000	0	0	0	0	0	0	0	0	0
>9 000	0	0	0	0	0	0	0	0	0

①适用于 ALL/3 和/3F 等级；②1 ft＝0.304 8 m。

表 8-4　N1 调节器调节

配平 水准	发动机型①							
	7B20	7B22	7B22/B1	7B24	7B24/B1 7B26/B1 7B26/B2	7B26	7B27 7B27/B3	7B27/B1
0	0	0	0	0	0	0	0	0
1	2	2	2	1	1	6	3	3
2	3	3	3	3	3	8	6	5
3	4	5	5	5	5	10	9	8
4	6	6	7	7	7	12	12	11
5	7	8	8	8	8	14	14	15
6	8	9	10	10	10	15	17	18
7	10	11	11	11	12	17	19	20

①适用于 ALL/3 和/3F 等级。

二、发动机功率测试

涡轮轴和涡轮螺桨发动机的轴功率不能直接测试获得，一般是通过测试功率输出轴的转速 n_p 和输出轴在该转速下传递的扭矩 C 计算得到功率 P，公式如下：

$$P = \frac{Cn_p}{9\ 549.3} \qquad (8-1)$$

式中，P 为发动机输出轴功率，kW；C 为发动机输出轴扭矩，N·m；n_p 为发动机输出轴转速，r/min。

（一）水力测功器测试功率法

测试功率的试车台和涡轮试验台广泛使用水力测功器来吸收和测试发动机输出轴或涡轮输出的功率。水力测功器的工作原理是角动量守恒定理，其主体结构如图 8-1 所示。在工作时，发动机输出轴带动水力测功器轴 3 旋转，冷却水经进水阀 4 流入水力测功器外壳 2 的内腔。在摩擦力和离心力的作用下，高速旋转的圆盘 1 带动流入内腔的冷却水旋转，形成一个旋转水环。在这一过程中旋转圆盘将输出轴扭矩传递给水，变成水的旋转动量。同样由于摩擦力的作用，旋转水环将扭矩传递给水力测功器的外壳。根据角动量守恒定理，水力测功器外壳获得的扭矩就等于发动机输出轴的扭矩。水力测功器外壳可以围绕轴摆动，使用力传感器可以测出外壳的转动力矩，同时用转速传感器测出输出轴的转速，就可以计算出发动机输出轴的功率。

水在传递扭矩的同时，把发动机输出轴的动能转化成水的热能，所以水还具有吸收功率的功能。通过调节水力测功器内腔的水量，可以改变吸收功率的大小。通过进水阀和排水阀的开关程度，控制吸收的功率和排水的温度。

为满足不同功率和不同转速的使用要求，水力测功器的产品已系列化，生产也已专业化。每一型号的水力测功器都有其规定的使用范围，可用特性曲线表示，如图 8-2 所示。在图 8-2 中，OA 段表示测功器内腔水层厚度最大时所能吸收的最大功率；在 A 点达到转子扭矩强度所允许的最大功率。AB 段表示保持测功器转子所允许的最大扭矩时所能吸收的功率随转速变化的关系；B 点为测功器能测量的最大功率。BC 段表示保持测功器所能测试的最大功率；测功器排水温度随转速变化，一般排水温度控制在 65~70 ℃ 以内，水的温度过高，内腔的水将产生汽化，导致工作不稳定；C 点为转子受离心负荷限制所允许的最大转速。CD 段表示测功器允许使用的最大转速。OD 段表示测功器内腔不充水时，测功器能吸收的功率随转速的变化关系，它是由空气的摩擦阻力和轴承的摩擦力形成的。

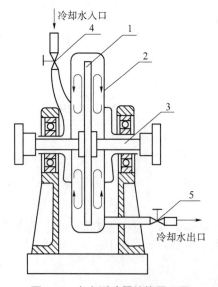

图 8-1　水力测功器结构原理图

1—圆盘；2—测功器外壳；3—测功器轴；4—进水阀；5—排水阀

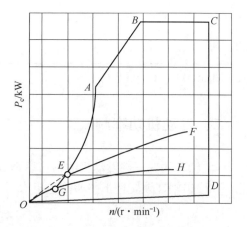

图 8-2　水力测功器的工作特性曲线

特性曲线 *OABCDO* 所包围的区域表示该型号水力测功器的工作范围。凡是被测试发动机输出轴的功率和转速在 *OABCDO* 包围的范围内，一般可选用该型号的水力测功器。

（二）电感测试扭矩法

电感测试扭矩法就是应用扭矩转速传感器测试扭矩的方法。扭矩转速传感器的工作原理是：应用弹性测试扭矩轴受扭矩后产生一个扭转角 θ，再根据电磁感应原理检测出 θ 角而测试扭矩。它在测定传递扭矩的同时还能测试出传递轴的转速，扭矩转速传感器的结构如图 8-3 所示。

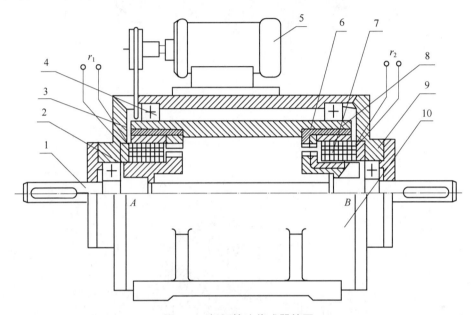

图 8-3　扭矩转速传感器简图

1—弹性轴；2—外齿轮；3—永久磁铁；4—套筒轴承；5—驱动电动机；6—内齿轮；

7—感应线圈；8—中间套筒；9—端盖；10—外壳

扭矩转速传感器在使用之前必须进行静校准标定。安装前要检查弹性测试扭矩轴的工作转向是否与静校准标定的转向一致，如果不一致，则应按实际工作转向重新做静校准标定。

安装扭矩转速传感器的基础应稳固，基础四周应该设置隔振沟。弹性测试扭矩轴与前、后连接轴之间应有较高的同轴度，以保证弹性测试扭矩轴在工作时不产生弯曲。高速扭矩转速传感器的轴承应设有良好的润滑系统。

在使用扭矩转速传感器时，应尽可能避免过载，最好在空载下启动，采用离合器来保护扭矩转速传感器。

（三）油压测试扭矩法

涡轮螺桨和涡轮轴发动机的减速器内都装有扭矩测试机构，用来测试并通过二次仪表指示发动机输出轴的功率。目前国产发动机中常采用的扭矩测试机构如图 8-4 所示。这种发动机的扭矩测试机构安装在发动机的减速器上，由中间双齿轮 2、测扭活塞 1、滑油导管组件 6、三联轴承 3 以及测扭油腔 A、B 组成。扭矩测试机构通过感受发动机工作时中间双齿轮传递的扭矩大小，以指示发动机输出轴的功率。

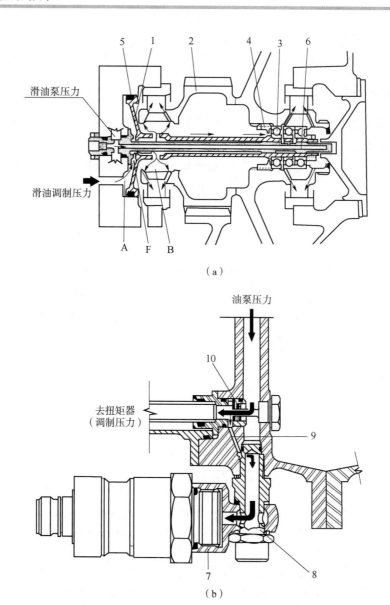

图 8-4　扭矩测试机构及传感器内部油管

（a）扭矩测试机构；（b）传感器内部油管

1—测扭活塞；2—中间双齿轮；3—三联轴承；4—压紧螺帽；5—密封圈；6—滑油导管组件；

7—扭矩压力传感器；8—管接头；9—滑油通孔；10—节流螺杆

扭矩测试的基本原理是：由于中间双齿轮 2 的两齿轮尺寸和螺旋角不同，因而在传递发动机扭矩时产生向前的轴向合力，这个轴向合力的大小与中间双齿轮传递的扭矩大小成正比，它与测扭活塞 1 受到的测扭油腔 A 的油压产生的轴向力相平衡，测扭油腔 A 的油压变化是由泄油口 F 的滑油泄油量来实现的。测扭活塞的轴向位移变化可以改变泄油口的开关程度，从而产生不同的泄油量，不同的滑油泄油量经节流螺杆 10 后产生不同的压降，节流螺杆前为滑油供油压力，节流螺杆后为测扭油腔压力。通过扭矩压力传感器 7 测出测扭油腔的压力，二次仪表便可指示发动机输出轴的功率。

（四）电阻应变片测试扭矩法

电阻应变片测试扭矩的基本原理是将两片应变片按一定要求粘贴在弹性测试矩轴的表面，当传递扭矩时，弹性测试扭矩轴的表面产生微小的扭转变形，粘贴在弹性测试扭矩轴表面的应变片也随之产生相同的变化，引起电阻应变片的电阻率的变化。将两片应变片组成半桥引出，输入电阻应变仪构成平衡电桥，用电阻应变仪测得电阻应变片的应变值，即可计算弹性测试扭矩轴的扭矩测试值 C，公式如下：

$$C = \frac{E\pi D^3}{64(1+\mu)\varepsilon} \tag{8-2}$$

式中，C 为扭矩测试值，N·m；E 为测试扭矩轴材料的弹性模量，N/m²；D 为测试扭矩轴的直径，m；μ 为测试扭矩轴材料的泊松比；ε 为应变仪测得的应变值。

对于已确定的弹性轴，在式（8-2）中 E，D，μ 均为已知值，只要测得应变值即可计算扭矩测试值。电阻应变片测试扭矩的动态测试精度可达 1%，静态测试精度可达到 0.10%。

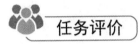 **任务评价**

以小组为单位，组内互相评价，占比 40%；指导教师评价，占比 60%。

序号	评价项目	评价内容	分值	学员互评（40%）	教师评价（60%）
1	专业能力（70分）	课前任务一的完成情况（功率测试，功率测试的意义）	5		
2		课前任务二的完成情况（发动机功率测试方式的类型）	5		
3		正确选用工具及清点	5		
4		正确选用耗材	5		
5		正确查询和使用参考资料	5		
6		正确完成测试的准备工作	10		
7		正确完成测试任务	30		
8		清点、检查、维护工具和耗材，清扫和整理现场	5		
9	职业素养（30分）	爱岗敬业的工作态度	10		
10		雷厉风行，不拖沓的航空职业素养	10		
11		百折不挠的航空工匠精神	10		
得分			100		
姓名：		学号：	总得分：	评价人：	

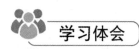学习体会

通过本次项目的实施，都学到了哪些技能与知识？小结一下。

_____

_____

_____

思考练习

（1）发动机进行功率保证检查动态测试时需要记录哪些参数？

（2）发动机进行功率保证检查动态测试的意义是什么？

（3）一般发动机功率测试的方法有哪些？

（4）水力测功器测试功率法的原理是什么？

任务三 发动机振动调查动态测试

 **学习目标**

1. 知识目标

（1）熟悉发动机振动调查测试基础知识；

（2）熟悉整机振动测试系统工艺；

（3）掌握整机振动测试系统的结构原理。

2. 能力目标

（1）正确进行发动机振动调查测试动态测试；

（2）正确记录发动机振动调查测试相关动态参数；

（3）会进行振动调查测试故障分析。

3. 素质目标

（1）加强航空从业人员诚实守信的作风建设；

（2）养成实事求是的航空职业素养；

（3）培养攻坚克难的航空工匠精神。

攻坚克难精神

任务导入

课前任务一：通过课前预习，大家说说发动机振动调查测试的意义是什么。

_____

_____

_____

_____

课前任务二：机载振动监控系统由哪些部分组成？

_____

_____

_____

_____

_____

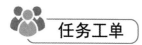

小组成员按工单流程，查询相关参考资料，结合专业及通用理论知识，正确进行振动保证动态测试系统相关接线，掌握专用工具操作方法，记录发动机的振动等级，判断是否超过允许的等级，进行相关的振动调查。

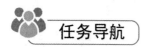

详见任务工单 8-3-1。

一、振动调查

ND 显示

（一）概述

发动机振动调查测试给出必要的数据以确保发动机的振动保持在许可的水平，为此可进行以下相关任务：

（1）如振动等级超过允许的等级，则安装测试设备或使用 AVM 飞行记录隔离振动源，使用有关故障隔离的振动调查。

（2）当安装了未经预测试的发动机或在按动力装置测试参考表的规定替换部件后也应完成该试验。

（3）对于振动在 1.5~2.5 个单位的发动机，在客舱或者驾驶舱会听到相关噪声或者振动。

（4）对于振动为 1.5~2.5 个单位的发动机，振动可能发生在客舱和驾驶舱，需报告发动机相关噪声或者振动。

（二）位置

发动机振动调查在左右侧电气和电子设备舱、左右侧驾驶舱、发动机 1 和 2 这几个位置进行测试。

（三）测试参数

发动机进行振动调查测试时需要参照表 8-5 中的数据。

表 8-5　N2/OAT 加速度测试数据

OAT/°F(℃)	N2/%	OAT/°F(℃)	N2/%	OAT/°F(℃)	N2/%	OAT/°F(℃)	N2/%
−40(−40)	65.0	1(−17)	68.1	43(6)	71.1	84(29)	74.0
−38(−39)	65.1	3(−16)	68.3	45(7)	71.3	86(30)	74.2
−36(−38)	65.3	5(−15)	68.4	46(8)	71.4	88(31)	74.3
−35(−37)	65.4	7(−14)	68.6	48(9)	71.5	90(32)	74.4
−33(−36)	65.5	9(−13)	68.7	50(10)	71.7	91(33)	74.5
−31(−35)	65.7	10(−12)	68.8	52(11)	71.8	93(34)	74.6
−29(−34)	65.8	12(−11)	69.0	54(12)	71.9	95(35)	74.8
−27(−33)	66.0	14(−10)	69.1	55(13)	72.0	97(36)	74.9
−26(−32)	66.1	16(−9)	69.2	57(14)	72.2	99(37)	75.0
−24(−31)	66.2	18(−8)	69.4	59(15)	72.3	100(38)	75.1
−22(−30)	66.4	19(−7)	69.5	61(16)	72.4	102(39)	75.3
−20(−29)	66.5	21(−6)	69.6	63(17)	72.6	104(40)	75.4
−18(−28)	66.7	23(−5)	69.7	64(18)	72.7	106(41)	75.5
−17(−27)	66.8	25(−4)	69.9	66(19)	72.8	108(42)	75.6
−15(−26)	66.9	27(−3)	70.0	68(20)	72.9	109(43)	75.7
−13(−25)	67.1	28(−2)	70.1	70(21)	73.0	111(44)	75.9
−11(−24)	67.2	30(−1)	70.3	72(22)	73.2	113(45)	76.0
−9(−23)	67.4	32(0)	70.4	73(23)	73.3	115(46)	76.1
−8(−22)	67.5	34(1)	70.5	75(24)	73.4	117(47)	76.2
−6(−21)	67.6	36(2)	70.6	77(25)	73.5	118(48)	76.3
−4(−20)	67.8	37(3)	70.8	79(26)	73.7	120(49)	76.5
−2(−19)	67.9	39(4)	70.9	81(27)	73.8	122(50)	76.6
0(−18)	68.0	41(5)	71.0	82(28)	73.9	—	—

二、发动机整机振动监测

（一）整机振动测试工艺

典型的发动机整机振动测试系统如图 8-5 所示，在测试中，由于发动机工作在温度高、振级大、机械电磁干扰多的恶劣环境，需特别注意以下环节。

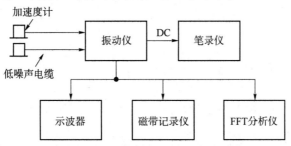

图 8-5　典型发动机整机振动测试系统

（1）振动传感器，由于带有运动件的电磁式速度传感器的频响低、起振级高（0.5g）、寿命短、可靠性差等弱点，所以有被压电式加速度计替代的趋势。

（2）低噪声电缆，由于加速度计的输出阻抗极高，电量极微弱，易受传输过程中的干扰，故与振动仪的连接必须用专用的低噪声电缆。采用差动式输出的加速度计时，需用双芯屏蔽低噪声电缆；与传感器、仪器的接点应清洁无污物；当连线较长时，应加固定点，不可随意摇晃。

（3）接地，测振系统只可在一点接地，可选在测振系统的传感器端或振动仪端。

（4）振动仪，多采用差动式电荷放大器作为输入级。该仪器专为航空发动机而设计的测振仪，线性范围为 5~10 kHz，配有高通、低通、带通、转速跟踪滤波器，供不同测振目的选用；仪器内部电路有一次、二次积分功能，可将振动信号转换为速度与位移指示量；输出备有交流和直流两种形式；有相位分析功能的振动仪，可用于现场本机平衡。图 8-6 所示为一种应用广泛的测振仪器电路。

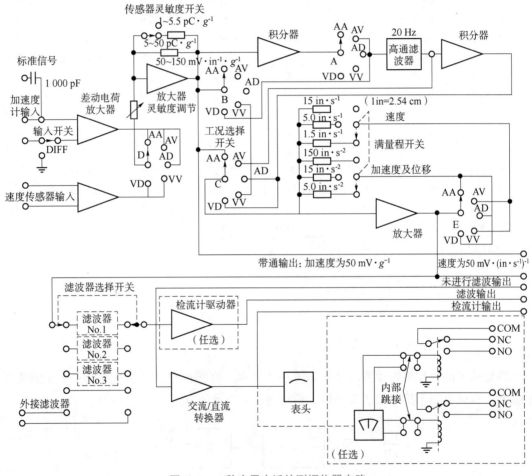

图 8-6　一种应用广泛的测振仪器电路

（5）多笔记录仪，将测振仪输出的与振动大小成比例的直流量绘制成曲线，可供现场判读，并作保留记录。

（6）电子示波器，显示振动波形，借以监视系统工作状态和粗略判断振动频率。

（7）磁带记录仪，记录振动仪输出的各测点振动交流量、同步转速信号或相位基准信号，供事后分析，在振动故障分析中极为有用。

（8）FFT分析仪，用于发动机振动特性分析和振源分析。具有转速跟踪分析和阶次分析功能的分析仪，可直接给出高、低压转子基频和各次谐波分量的转速特性曲线，如图8-7所示。转速分辨率可达400线，当发动机最高工作转速为12 000 r/min时，隔30 r/min便有一个数据点。

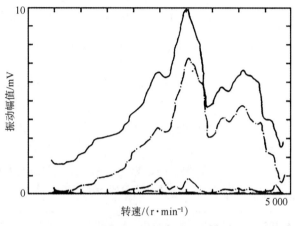

图8-7　振动转速特性曲线

振动传感器的灵敏轴方向应与转子的径向方向一致，需要时可沿切向或轴向增设振动传感器，以便取得更多的比较信息。测振点通常设在发动机压气机机匣和涡轮机匣的安装边上，必要时也可增设内部或外部附加测振点。测振点应尽可能靠近主振源，反应轴承座的振动，而不应包含任何局部的共振。

振动传感器应通过支架直接固定在发动机上。支架尺寸应小而刚性好，不应产生最高转速频率范围内的共振。振动传感器及支架的连接面应平整、清洁无附着物，固定螺钉应拧紧，并受力均匀。当连接松动时，传感器的输出值会减小。严重松动时可产生随机杂波，造成不应有的测试误差。

（二）振动指示值选定

当物体在某固定频率下振动时，无论用其振动的幅值、速度或加速度均可表征该物体振动的大小。发动机的振动用何种参数指示，以往并不统一。普遍认为，振幅与构件的振动应力成正比，控制振动的振幅便可控制构件的疲劳寿命；振动速度的平方则与振动能量成正比，最能反映振动的量级；振动的加速度与转子转速的平方成正比，这一特点对反映转子不平衡力引起的振动最敏感。因而振幅对低频振动相对敏感，加速度对高频振动相对反应灵敏，而速度则在低、中、高频段反应。我国早期投产的发动机大多采用加速度作为发动机振动指示。在新研制的发动机上将振幅和速度作为振动指示参数。

通用规范规定了用均方根速度总量作为振动极限的指示参数，同时又规定要作加速度谱分析。一般振动指示参数低频时用位移，中间频率时用速度，而高频时用加速度。典型的燃气涡轮发动机转子转速所在的频率范围适用于速度作为指示参数。一些振动故障对应的频率见表8-6。

表 8-6 振动故障对应的频率

频率	可能原因	说明
1×转速频率	不平衡 不对中或轴弯曲 变形 松动 共振	可能由振动载荷、材料分布引起的轴向振动大，轴端有180°相位差，通常具有高的2×转速频率，由机匣变形引起，或由结构连接（如管子）引发，通常伴随有高次谐波，相位差不确定（随机），转速变化时急剧减弱
2×转速频率	轴弯曲、不对中	轴向振动大，并有高次谐波
谐波	松动 摩擦	脉冲的或削头的时间波形，大量谐波转子、静子碰触
亚谐波	气流涡动 轴承	典型的（0.43~0.48）转速频率，相位不稳定
n×转速频率	叶片 齿轮 轴承滚动件	某级叶片数×转速频率，伴随有谐波齿轮啮合（齿数×转速频率），往往由坏齿轮的转速调制

注：共振有多种根源，包括轴、机匣及连接附属结构，其频率与刚度成正比，与质量成反比。

（三）振动系统校准

测振传感器和仪器的校准标定，直接影响测试结果的可靠性及精度，在以下情况下必须进行校准。

（1）购入传感器和测振仪后，投入使用前或经修理后，必须按其技术指标进行全面、严格的校准和标定。

（2）连续使用半年后或经过较长时间闲置后，均需校准，一般只校准灵敏度或频率响应特性。

（3）在进行重要试车前，或在进行特殊试车前，或对测试结果有怀疑时，需进行标定，并根据需要做某些特殊校准。例如，振级变化大时，校准动态线性范围；测振点温度超过传感器需用温度时，校准温度特性等。

测振系统的校准，必须在国家承认的三级以上计量站进行。校准后应保证系统精度在±5%以内。比较法是应用最广泛的一种校准法，它能满足±2%以内的精度，并具有方法简单、用时少、设备规模小等优点。图8-8所示为比较法校准设备框图。

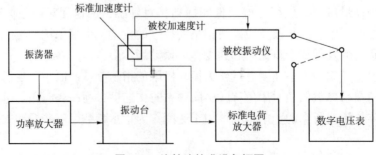

图 8-8 比较法校准设备框图

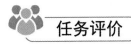 任务评价

以小组为单位，组内互相评价，占比 40%；指导教师评价，占比 60%。

序号	评价项目	评价内容	分值	学员互评 (40%)	教师评价 (60%)
1	专业能力 (70分)	课前任务一的完成情况（发动机振动调查测试的意义）	5		
2		课前任务二的完成情况（机载振动系统的组成部分）	5		
3		正确选用工具及清点	5		
4		正确选用耗材	5		
5		正确查询和使用参考资料	5		
6		正确完成测试的准备工作	10		
7		正确完成测试任务	30		
8		清点、检查、维护工具和耗材，清扫和整理现场	5		
9	职业素养 (30分)	严格遵守操作规程，严禁违规作业	10		
10		实事求是的工作态度	10		
11		攻坚克难的航空工匠精神	10		
		得分	100		
姓名：		学号：	总得分：		评价人：

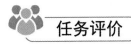 学习体会

通过本次项目的实施，都学到了哪些技能与知识？小结一下。

_____

_____

_____

_____

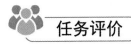 思考练习

（1）振动调查动态测试需要记录哪些数据？

（2）振动测试系统的原理是什么？

（3）在哪些情况下需要进行振动系统的校准？

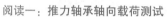

阅读一：推力轴承轴向载荷测试　　阅读二："首创精神"助推工匠精神闪光

项目九　航空特种测试

 项目描述

先进飞机发动机结构复杂，再加上新材料、新工艺、新方法的引入使特殊位置的传统测试方法达不到测试要求。引入特殊测试手段和特殊测试方法可有效提高发动机在高温、高压和高转速下测试参数的准确性。本项目包括发动机旋转部件测试、发动机气路状态测试、发动机叶尖间隙测试等相关知识。

 学习目标

1. 知识目标

（1）掌握发动机旋转部件测试的基础知识和轴承检测系统的应用；

（2）掌握发动机气路状态测试的基础知识和气路测试案例分析；

（3）掌握发动机叶尖间隙测试的必要性和电容式叶尖间隙传感器的应用。

2. 能力目标

（1）熟知发动机旋转部件测试难度和实施途径；

（2）了解气路状态测试器和掌握诊断的基本方法；

（3）熟知发动机叶尖间隙测试的实施方法。

3. 素质目标

（1）加强航空从业人员从严求实的作风建设；

（2）养成团结协作的航空职业素养；

（3）培养相互协作，共同提高的航空工匠精神。

航空报国！大国工匠！

学习导图

本项目将学习发动机旋转部件测试、发动机气路状态测试、发动机叶尖间隙测试等相关知识，结合拓展阅读实现知识拓展，更全面地掌握航空特种测试技术。

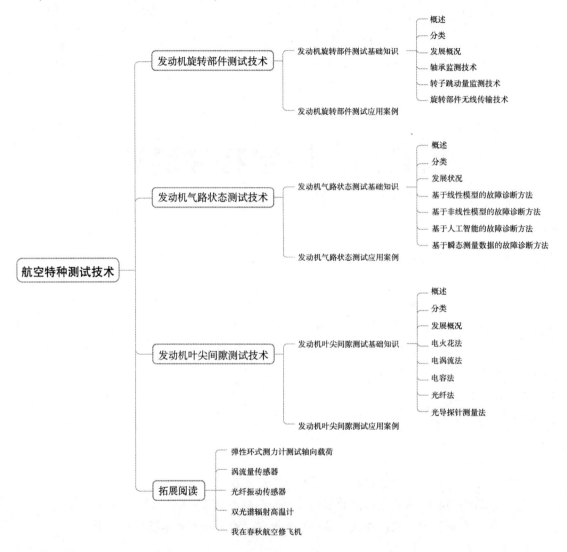

任务一　发动机旋转部件测试技术

 **学习目标**

1. 知识目标

（1）掌握发动机旋转部件测试技术的概念；

（2）了解发动机旋转部件测试技术研究方向；

（3）熟悉拓展阅读相关理论知识。

2. 能力目标

（1）了解发动机旋转部件测试技术的难度；

（2）掌握如何实施发动机旋转部件测试技术的方法；

（3）了解发动机旋转部件测试技术的发展方向。

3. 素质目标

（1）加强航空从业人员生命至上的作风建设；

（2）养成吃苦耐劳的航空职业素养；

（3）培养一专多能的航空工匠精神。

敬畏生命

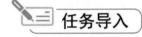 **任务导入**

课前任务一：日常生活中旋转部件有哪些测量方式？

_____

_____

课前任务二：航空发动机上旋转部件的哪些地方需要进行测试？

_____

_____

_____

 任务描述

　　发动机轴承检测是旋转部件测试技术的难点和重点问题，轴承的应变、温度等变化对发动机的影响都非常大。本任务以轴承检测系统为例，学习发动机旋转部件测试技术概念、发展、难度、实施途径，让学员能够正确掌握发动机旋转部件测试技术。

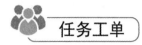

详见任务工单 9-1-1。

一、发动机旋转部件测试基础知识

特种测试技术

（一）概述

发动机旋转部件测试技术主要是研究在高速旋转条件下部件的性能和状态，通常需要测试静态应变、动态应变、温度和压力等信号，每个物理量的变化对发动机的影响都非常大，一些参数的变化甚至影响发动机的安全性，使发动机构件断裂或造成其他严重破坏。测量旋转部件信号通常采用的方法有集流器传输、无线传输和光电传输等方式。

（二）分类

（1）轴承监测技术。
（2）转子跳动量监测技术。
（3）旋转部件无线传输技术。

（三）发展概况

在旋转部件测试领域，国外已开始基于无线数据传输技术的参数遥测研究和应用。在航空发动机方面，如普惠、GE、罗·罗等公司，采用先进的参数遥测系统，对发动机旋转部件特性进行了全面而细致的试验研究，从而使其在先进性能发动机的研制能力上保持世界领先。关于模拟式无线遥测系统，德国 Sckench 公司的超转试验机可提供 2 路信号遥测，转速可以达到 50 000 r/min。关于数字式无线遥测系统，目前最先进的为英国 RotaData 公司 TeleMetry 数据遥测系统，数据传输速率达到 62 Mb/s。

国外除了采用无线数据传输方式外，在一些旋转部件测试中还采用了光电数据传输技术。目前已有采用激光光源进行旋转非接触数据传输的应用。为了在旋转链接情况下使用，已有光纤旋转接头，即光纤集流器方面的研究，如图 9-1 所示。

图 9-1 光纤旋转接头

目前来看，我国航空发动机主轴轴承的寿命较低、可靠性较差，与工业发达国家相比差距较大。轴承失效对发动机危害极大，但对在线失效分析还没有深入开展。以往的失效分析工作多限于对事故的分析，而大量的基于未知原因造成的早期失效，由于种种原因的限制，未能进行全面、系统的统计分析。我国对失效分析工作也极为重视，并取得了不少成绩，对一些事故的处理，也是从失效分析着手，还成立了相应的机构主管这方面的工作。1986 年成立了全国失效分析中心，并在全国各地成立失效分析网。空军和航空部门成立了飞行事故和失效分析中心，在有关高校开设了失效分析课程。在航空轴承方面，尤其是航空发动机主轴轴承方面，上级领导和科研生产人员为提高产品质量和可靠性做了大量有意义的工作，在轴承的结构设计、生产和使用等方面积累了大量的经验和资料，奠定了较好的技术基础。

航空发动机旋转构件的重要意义和构件本身的故障高发性，促进了航空发动机旋转构件故障诊断技术的快速发展。目前对发动机旋转构件的诊断方法是将可观测参数与健康基准线进行比较，但这种方法在实际操作中会遇到很多困难，如：

（1）大多数发动机机型的可测量参数数量少于规定数量。

（2）故障之间存在很强的相关性，目前的方法难以区分相似故障。

（3）测量参数中的噪声与故障造成的测量参数偏差级别相同，且测量信号存在偏差。

（4）发动机具有很强的非线性及复杂性，且工作环境变化大。

（5）气路故障试验的成本过大。

（6）建立适合故障诊断的发动机试验仿真模型比较困难。

因此，就有必要建立飞机发动机结构及旋转构件结构损伤导波监测和故障诊断技术综合平台，提高系统可靠性和维修效率。

发动机旋转件损伤监测和故障诊断是发动机安全监测和保障维护的重要部分。若采用常规的超声检测技术检测旋转构件，就必须进行逐点扫描，且速度慢。对于形状是曲面、装配隐蔽、材料各异的旋转构件而言，这种方法是无法满足要求的。激光超声技术可以很好地弥补常规超声检测技术的不足。激光超声检测有两个重要功能：缺陷检测和过程控制。此外，还具有以下特点：

（1）被检测样件可以运动，也可以加温。

（2）对表面污染物不敏感。

（3）可以用于任何材料（铁磁和非铁磁材料）。

（4）可以检测狭窄区域。

（5）可以提高性能效率和减少成本。

激光超声技术既能检测内部缺陷，又能检测表面缺陷，不受安装位置和结构的限制，而且效率高。因此，激光超声技术在飞机发动机旋转构件及结构检测中的应用具有重要意义和良好的前景。

（四）轴承监测技术

1. 概念

滚动轴承是一种精密的机械元件，其套圈、滚动体的加工精度要求相对较高，对于这种高精度参数数值，只有通过精密测量技术和专用仪器才能确定。因此，轴承检测技术在轴承加工过程中占有非常重要的地位。精密测量技术及检测仪器是对加工过程及产品质量实施实时检测与监控、保证产品质量、实现"零废品制造"、提高生产效率的重要手段，也是发展趋势。

2. 失效形式

滚动轴承有很多损坏形式，常见的有磨损失效、疲劳失效、腐蚀失效、断裂失效、压痕失效和胶合失效。滚动轴承故障可分为分布故障与局部故障。分布故障主要体现为表面波纹度、不对中、游隙过大等形式；局部故障主要体现为轴承元件裂纹、划痕、点蚀等形式。对于滚动轴承失效的监测，表 9-1 给出了相关监测方法及其适用性说明。

表 9-1　滚动轴承失效监测方法及其适用性

监测方法		振动	温度	磨损微粒	声发射	轴承游隙	油膜电阻	光纤法
故障类型	疲劳剥落	○	×	○	○	×	×	○
	裂纹	○	×	△	○	×	×	△
	压痕	○	×	×	×	×	×	○
	磨损	○	△	○	△	○	○	○
	电蚀	○	△	○	△	△	△	○
	擦伤	○	△	○	△	△	△	○
	烧伤	○	○	△	△	×	○	△
	锈蚀	△	×	△	×	×	△	×
	保持架破损	△	×	△	△	×	×	×
	蠕变	△	△	△	△	×	×	△
运动中可否测定		可以	可以	可以	可以	不可以	可以	可以
注：表中符号○表示为有效；△表示为有可能；×表示为不适合								

通过对表 9-1 中各种监测方法的比较可知，振动法能够诊断大多数滚动轴承的故障，而且可在运动中测得轴承信号。国内外开发生产的各种滚动轴承故障诊断与监测仪器，大都是根据振动法的原理制成的。有关轴承监测和诊断的文献，80%以上讨论的是振动法。

（五）转子跳动量监测技术

发动机转子跳动的诊断方法很多，但都是探讨如何从设备运行的信息中识别构件状态的技术。所谓识别，一是监测，二是辨识。前者主要根据测量和数据处理技术达到去除干扰、细化信号特征的目的。后者是通过对比分析、逻辑推理，或者是依据模糊理论，或依靠神经网络乃至专家系统诊断出故障类型、地点和程度。显然，在选定故障识别的方法时，该项技术的准确性、可靠性、实时性和实现的简便性是重要指标，尤其是在大型设备中。

（六）旋转部件无线传输技术

旋转部件无线传输系统即无线遥测系统包括数据采集与处理、无线数据传输及电能传输等，并可分为安装于旋转部件上的设备和地面设备两部分，如图 9-2 所示。数据采集与处理、无线数据传输模块、电源整流滤波模块安装于旋转部件上，其中数据采集与处理包括传感器、信号调理、A/D 转换及处理器。地面设备包括接收数据的无线数据传输模块、电源提供模块及数据后处理的地面设备。

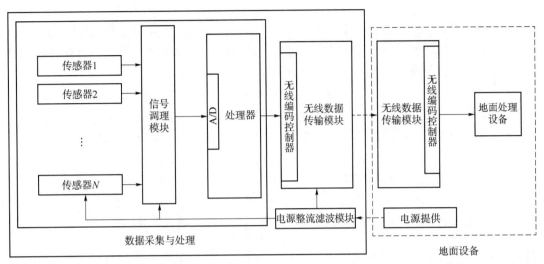

图 9-2　无线遥测系统框图

发动机旋转构件故障诊断的常规方法，主要是基于气路参数和气路热力学模型的状态诊断技术，以及基于振动监测的故障诊断技术和内部探伤方法等。然而，现有的常规方法都需要发动机旋转构件故障恶化到一定程度，进而引起构件几何参数发生变化时才能探测到故障的存在，不能在故障发生的前期提供预警信息，这就难以满足航空发动机旋转构件状态实时在线监测的需要。而无法实时在线监测，就意味着对突发故障无法做出及时响应，也就不能有效地降低故障率和飞行事故率。

因此，如何在发动机旋转构件发生故障之前或故障早期就能及时捕捉到故障信息，并采取有效措施防止故障的发生或扩展，对于消除恶性事故隐患、减少或避免故障发生，具有特别重要的意义。另外，国外的一些先进的发动机旋转构件在线检测技术是禁止向我国出口的，这就需要自主研发能够适用于航空发动机旋转构件故障在线检测的新技术，避免由于发动机旋转构件故障所引起的飞行事故。

二、旋转部件测试应用案例

轴承系统的振动及其传递途径如图 9-3 所示。轴承中所产生的振动是随机的，含有滚动体的传输振动，其主要频率的成分为滚动轴承的特征频率。

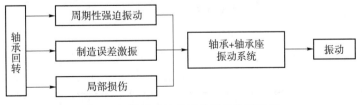

图 9-3　轴承系统的振动及其传递途径

滚动轴承振动的频谱结构可分为低频段频谱、中频段频谱和高频段频谱三个部分。低频段频谱（<1 kHz）——包括轴承的故障特征频率及加工装配误差引起的振动特征频率。通过分析低频段的谱线，可监测和诊断相应的轴承故障。但是由于这一频段易受机械中其他零件及结构的影响，并且在故障初期反映局部损伤故障位置的特征频率成分信息的能量很小，常常淹没在噪声之中，因此低频段频谱不宜于诊断轴承早期的局部损伤故障。但通过对低频频段的分析，可以将轴承装配不对中、保持架变形等故障诊断出来。

中频段频谱（1~20 kHz）——主要包括轴承元件表面损伤引起的轴承元件的固有振动频率。通过分析此频段内的振动信号，可以较好地诊断出轴承的局部损伤故障。通常采用共振解调技术，通过适当的滤波，获取信噪比较高的振动信号，进而分析轴承故障。

高频段频谱（>20 kHz）——如果测量用的加速度传感器的谐振频率较高（>40 kHz），那么由轴承损伤引起的冲击在 20 kHz 以上的高频就有能量分布，所以测得的信号中含有 20 kHz 以上的高频成分。对此高频段信号进行分析可以诊断出轴承的相应故障。但是当加速度传感器谐振频率较低，且安装不牢固时，很难测得这一频段内的信号。

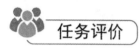 任务评价

以小组为单位，组内互相评价，占比 40%；指导教师评价，占比 60%。

序号	评价项目	评价内容	分值	学员互评（40%）	教师评价（60%）
1	专业能力（70 分）	课前任务一的完成情况（日常生活中旋转部件的测量方式）	5		
2		课前任务二的完成情况（航空发动机旋转部件需要测试的部位）	5		
3		正确选用工具及清点	5		
4		正确选用耗材	5		
5		正确查询和使用参考资料	5		
6		正确列出学习中未掌握的知识点	30		
7		正确填写拓展任务	10		
8		清点、检查、维护工具和耗材，清扫和整理现场	5		
9	职业素养（30 分）	严格遵守生命至上的工作要求	10		
10		吃苦耐劳的航空职业素养	10		
11		一专多能的航空工匠精神	10		
得分			100		
姓名：		学号：	总得分：		评价人：

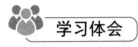 学习体会

通过本次项目的实施，都学到了哪些知识？小结一下。

_____

_____

_____

 思考练习

（1）什么是发动机旋转部件测试技术？

（2）什么是轴承监测技术？

（3）简述转子跳动量监测技术的特点。

（4）什么是旋转部件无线传输技术？

任务二　发动机气路状态测试技术

 学习目标

1. 知识目标

（1）熟悉发动机气路状态测试技术的概念；

（2）熟悉发动机气路状态测试技术研究方向；

（3）熟悉拓展阅读相关理论知识。

2. 能力目标

（1）了解发动机气路状态测试技术的必要性；

（2）掌握气路故障诊断的4种方法；

（3）了解发动机气路状态测试技术的发展方向。

3. 素质目标

（1）加强航空从业人员忠诚担当的作风建设；

（2）养成不辍学习的航空职业素养；

（3）培养锲而不舍的航空工匠精神。

锲而不舍

任务导入

课前任务一：通过课前预习，说说航空发动机的结构及工作原理。

_____

_____

课前任务二：航空发动机性能参数及测量参数有哪些？

_____

_____

_____

任务描述

　　气路状态检测涉及发动机的风扇、压气机、燃烧室、涡轮和尾喷管的进气、排气过程，气路状态检测复杂而重要。本任务要求学员学习发动机气路状态测试技术概念、发展、难度、实施途径，会解释发动机气路测试的意义，熟悉常见的4种气路故障诊断方法。

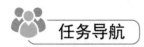

显示器测试

一、发动机气路状态测试基础知识

发动机气路状态测试技术是从发动机中读取某些热力参数,如温度(发动机进气温度、发动机排气温度)、压力、转子转速、燃油流量等,然后把这些参数转换成标准状态下的数值,最后与发动机厂家所给定的该型发动机的标准性能参数进行比较,通过看偏差的变化情况来确定发动机的健康状况。普惠公司的 ECM、通用电气公司的 ADEPT 和罗·罗公司的 COMPASS 都采用这种方法实现发动机的状态监测。

(一)概述

发动机气路指从进气到排气所经过的风扇、压气机、燃烧室、涡轮、加力燃烧室和尾喷口。气路部件的状态对发动机有至关重要的影响。

航空发动机在使用过程中,零部件表面的腐蚀、侵蚀、密封件损坏、导向叶片偏离额定位置、积污、疲劳、外物打伤等,使发动机构件的结构尺寸发生变化,引起发动机部件性能衰退或恶化,以至于不能安全、可靠地工作而产生故障。气路故障按部件类别可分为气路部件故障(如风扇、压气机、燃烧室、涡轮、尾喷管等)、附件故障(如控制器、油泵、点火、引气系统等)和转子机械故障(如传动轴、轴承、齿轮箱等)等几种故障类型。当发动机一个或几个气路部件由于疲劳、磨损等原因发生故障时,就会导致部件的一个或几个特性参数发生变化。例如,压气机或风扇的故障,会造成增压能力和绝热效率的改变;涡轮故障会造成涡轮导向器有效面积和涡轮膨胀效率的改变;排气系统故障会造成喷口工作面积变化,从而引起发动机匹配工作点的变化而引发气路故障。

(二)分类

已有的工程应用和仍处于仿真研究的各种主要气路故障诊断方法有如下几个。
(1)基于线性模型的故障诊断方法。
(2)基于非线性模型的故障诊断方法。
(3)基于人工智能的故障诊断方法(人工神经网络法、专家系统法等)。
(4)基于瞬态测量数据的故障诊断方法。

(三)发展概况

发动机气路故障诊断技术根据监测原理、方法和监测对象的不同,大致可分为基于气路参数和气路热力学模型、基于内部探伤方法,以及基于振动监测的故障诊断技术。这三种技术都需在故障恶化到一定程度而引起组件几何参数发生变化时才能探测到故障的存在。

航空发动机在使用过程中,由于气路部件性能的退化,性能也在逐渐衰退。发动机故障的成因是多种多样的,如零件表面腐蚀、侵蚀、磨损、外来物损伤、密封件损坏、叶片断裂、烧毁或变形、可调导向叶片或引气阀门由于各种原因而偏离额定位置等。这些故障都表现在发动机机件的尺寸变化上,而发动机机件尺寸的变化将导致发动机性能恶化,如压气机流量下降、压气机效率下降、涡轮导向器临界截面面积改变等。部件性能恶化又会导致发动机的性能衰退，如转速、燃油流量、排气温度和功率输出的变化。如果把发动机故障引起发动机性能衰退的实际过程看作正过程，那么故障诊断过程就是它的逆过程，即根据发动机可测参数的变化来确定发动机部件性能，从而达到故障定位。

气路故障诊断（简称气路诊断）是利用带有噪声或偏置的气路参数对发动机进行诊断。气路诊断方法始于1967年厄本（Urban）提出的故障影响系数矩阵，该方法要求测量参数的数量大于或至少等于故障种类参数。随后，气路诊断方法受到越来越多的重视。20世纪80年代以来，一些监控诊断系统陆续投入使用。由于发动机运行时严重的非线性，斯塔马蒂斯（Stamatis）于1990年提出了一种基于混合常规最优化的非线性模型。然而，常规的最优化方法容易陷入局部最小值的状况。近年来，泽达（Zedda）和辛格（Singh）首先提出遗传算法，完善了基于非线性模型的故障诊断方法。神经网络方法是于1989年被迪茨（Dietz）首先引入发动机故障诊断中的，之后得到了广泛的应用。专家系统首度引入气路故障诊断中可追溯到20世纪80年代初。至今为止，专家系统仍是较好的故障诊断方法之一，并在不断地发展。

美国在F135发动机上开展了气路碎屑监测研究，如图9-4所示，分别监测发动机进气口的吸入物引起电荷水平变化，以及排气口的排出物引起电荷水平变化。监测发动机进口吸入物的装置称为IDMS（Inlet Debris Monitoring System），监测发动机出口排出物的装置称为EDMS（Exhaust Debris Monitoring System），根据两者的变化趋势，判断是否有外来物吸入及是否有内部损伤发生。当发动机气路部件发生恶化时，如压气机叶片摩擦、喷管导向叶片磨蚀及燃烧室过烧，均会在尾气中产生额外的碎片，从而导致总体静电荷水平超过临界值。发动机气路颗粒静电监测技术已被美国列为军事技术而限制出口。

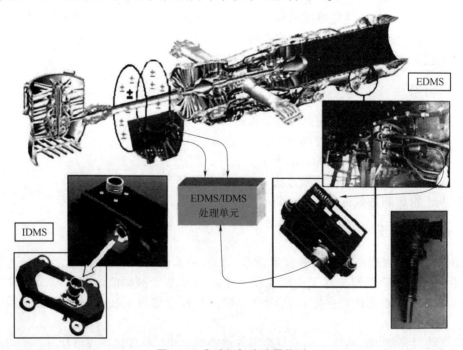

图9-4　发动机气路碎屑监测

（四）基于线性模型的故障诊断方法

发动机测量参数（温度、压力、推力等）和性能参数（压比、流量、各部件的效率）之间不成比例关系。为了简化它们之间的关系，将其非线性故障模型简化为线性数学模型，即所谓的小偏差方程。此法为 Urban 于 1967 年首创，主要用于发动机气路故障的诊断，因此称为气路分析。此方法具有下述一系列优点。

（1）故障方程具有较大的概括能力，即能够以较少的故障因子反映出众多的复杂故障状态。

（2）可以用于多故障情况。

（3）可以用于系统状态数量是不可数的情况。

（4）可以采用强力的数学手段求解，能够保证所得到的解具有较高的精度（估计误差小）和可信度。

（5）可以进行故障隔离和故障识别。

（6）可以提供较多的故障诊断信息。

应当指出，线性化方程的主要局限是只能适用于小偏差情况，即小偏差故障方程法。小偏差故障方程中的影响系数矩阵通常由发动机数学模型来建立，也可以由典型故障模式建立经验故障方程，利用后者可以减少对模型的依赖，增加诊断的健壮性。在利用线性模型进行故障诊断的过程中，卡尔曼滤波也得到了广泛的应用，它可以对部件故障和传感器偏差进行估计，且对单故障诊断的准确度高。

（五）基于非线性模型的故障诊断方法

基于非线性模型进行诊断的本质是，利用测量参数建立自适应的发动机性能模型，再从部件性能的变化来检测和识别故障。非线性稳态模型更接近发动机工作的真实情况，可以定量诊断多故障、大偏差故障和传感器故障等，因此具有很大的发展前景。

豪斯（House）在 Urban 非线性模型方法的基础上，利用迭代的非线性气路方法分析了单轴涡轮直升机发动机，并取得了很好的诊断效果。孔休米（Consumi）基于最大似然估计，用统计推理的方法来监测涡轮发动机的状况。故障图方法通常采用二维图标，其坐标轴是气路参数的组合值，如压力比、温度比、转速比或转速差等，在发动机无故障巡航状态时，该状态点会沿不同的方向运动，这样就建立了发动机的故障图。普惠公司发动机机队管理中就采用了故障图对故障进行定性诊断。格朗登特（Grondent）和纳韦（Navez）采用了一种称为参数估计的非线性模型。

也可用发动机性能非线性模型计算程序来模拟真实信号的发生。因为发动机在实际工作中常常发生单个故障，这种情况下可假设某一个性能参数发生了变化，而其他性能参数不变，此时修正部件特性计算程序，从其"非设计点"计算中即可得出对应故障时各测量参数的测量值。有时发动机会同时发生两种故障，这种情况下可以通过改变性能参数的组合来达到模拟两种故障同时发生的情况。但是用非线性性能数学模型计算出来的测量参数值，没有考虑传感器和工作环境等因素，如传感器周围电磁波的干扰、测量仪器的校准误差等因素都会最终造成测量参数值的随机误差，这样势必与实际情况存在一定的差异。因此，为了增加模拟的真实性，需要增加抗干扰处理。如通过选取"干扰限度值"，完善该方法的不足。

（六）基于人工智能的故障诊断方法

人工智能在故障诊断的应用方法主要包括基于人工神经网络和基于专家系统的方法。

1. 神经网络法

神经网络强大的非线性映射能力和并行处理能力，非常适合解决发动机的故障诊断问题。根据样本空间的内积特性，提出了无须迭代学习的自适应变结构神经网络。该方法学习速度快，准确度高，且能根据出现的新样本随时改变结构，大大提高了诊断的准确性。该方法的不足在于：监督型网络的训练样本依赖于模型，网络结构的确定及训练精度的控制都带有一定的经验性。为使网络获得好的泛化性，网络结构的复杂程度还应与训练样本的规模相适应。为克服学习样本依赖于发动机精确模型的问题，提出了一种基于自组织神经网络的发动机智能故障诊断方法，并应用于故障特征提取的数据预处理方式，成功地对航空发动机气路部件的几种典型故障做出了正确诊断。为验证网络的抗干扰性，引入了自联想神经网路。研究表明，自组织网络可以脱离发动机模型，并且对测量噪声有良好的鲁棒性，能基本满足航空发动机故障的要求，具有良好的工程应用前景。

2. 专家系统法

专家系统用于发动机气路故障诊断时，通常和其他征兆信息结合。由于发动机本身的复杂性，专家系统需要对不确定性知识进行推理。知识的不确定性包括故障征兆不确定性和规则的不确定性。一种可用于模式分类的神经网络——概率神经网络，其实质是基于贝叶斯最小风险准则发展而来的一种并行算法，目前在心电图仪、雷达等设备中得到了应用。由于贝叶斯理论提供了一种最优的分类方法，并具有无可辩驳的理论基础，所以常常作为一种分类器的标准对其他分类方法进行评估。其主要优点如下。

（1）快速的训练。

（2）无论分类问题多么复杂，只要有足够多的训练数据，就可以保证获得贝叶斯准则下的最优解。

（3）允许增加或减少训练数据而无须重新进行长时间的训练，此外该算法固有的并行性质能够有效地利用处理器计算系统。

气路诊断面临的主要困难是：在大多数机型上依然是测量参数个数少于参数个数；故障之间存在很强的相关性，区分相似故障很困难；测量参数中的噪声与故障造成的测量参数偏差具有相同的级别；发动机工作时有很强的非线性及复杂性，且工况及工作环境变化大。

在气路部件故障诊断算法的研究方面，国内也取得了一定的进展，一些学者将人工神经网络技术运用于航空发动机的气路故障诊断；另一些学者提出一种基于自组织神经网络的发动机智能故障诊断方法，并应用故障特征提取的数据与处理方式，成功地对航空发动机气路部件的几种典型故障做出了正确诊断。但是这些研究都是基于仿真的，尚未考虑工程情况，因而离应用尚有很大的距离。

目前，我国航空发动机状态监测的技术研究，特别是航空发动机气路部件状态监测技术的研究所面临的形势依然十分严峻，问题也非常突出，主要表现在两个方面：一是国内航空发动机状态监测系统的研究起步较晚，底子薄，没有制定相关的发展战略，思路尚不清晰，故障诊断率也不高；二是发动机气路部件故障诊断技术涉及的专业范围广，学科交叉明显，理论上对气路故障机理尚不完全清楚，故障诊断方法局限性较强，仍需要进行深入研究。

（七）基于瞬态测量数据的故障诊断方法

大多数的发动机故障诊断都是基于稳态数据的。然而，在稳态状况下并非都能获得所要的数据。例如，军用飞机的发动机 70% 以上的数据都不是稳态状况下获得的。此外，在一些发动机部件的故障中，如因磨损而导致的故障，在稳态发生的概率要远远小于其在瞬态发生的概率，而且由于故障原因，发动机性能在瞬态的变化也很可能比其在稳态的变化要大得多。因此，在以上状况下，基于瞬态数据的故障诊断具有很重要的意义。

通过上述 4 种诊断方法可以看出，发动机气路故障诊断的方法各有其优缺点，表 9-2 更清楚地显示出这几个方法的如下特点：

（1）基于线性和非线性的方法有其自身的物理意义，而基于人工神经网络和专家系统的方法却不是基于模型，其大多数的数据和训练经验来自试验。

（2）基于人工神经网络的方法比基于模型的方法要复杂得多。

（3）基于人工神经网络和基于专家的方法比基于非线性模型的故障诊断方法的诊断速度要快得多。

表 9-2　各种诊断方法比较

性质	首次使用时间	是否基于模型	复杂程度	诊断速度	是否处理噪声	是否处理偏置
基于线性	1967 年	是	低级	快	否	否
基于非线性	1992 年	是	低级	比较快	否	否
基于神经网络	1989 年	否	非常高级	快	是	是
基于专家系统	1982 年	否	非常高级	快	是	是

国外在航空发动机气路故障诊断、预测和健康管理等方法上进行了广泛的研究。L. A. Urban 于 1972 年提出气路分析法（Gas Path Analysis，GPA），该方法直接用非线性模型得到影响系数矩阵，能将故障隔离到单元体。多尔（Dole）于 1993 年应用此方法开发出诊断算法，并在发动机大修试车时使用，诊断结果存在扩大化现象。由于此方法要求测量参数的数量大于或至少等于故障种类数，因而只适用于小偏差（性能变化小于 5%）情况。Zedda 开发了存在传感器偏置情况下对性能模型的诊断方法，仿真结果验证了该方法的有效性。普惠公司在发动机机队管理中采用了故障图对故障进行定性诊断。目前，利用线性模型进行诊断主要还集中在仿真研究，在航空发动机上还未见工程应用的报道。但非线性稳态模型更接近发动机工作的真实情况，可以定量诊断多故障、大偏差和传感器故障等，因而具有很大的发展前景。

二、气路状态测试应用案例

气路性能分析是发动机状态监测的主要内容，也是发动机故障诊断的有效工具。在这方面，已有多种算法应用到发动机气路性能的监测中，常见的方法有：参数估计（Parameter Estimation，PE）、卡尔曼滤波（Kalman Filter，KF）、人工神经网络（Artificial Neural Network，ANN）、模糊逻辑（Fuzzy Logic，FL）、遗传算法（Genetic Algorithm，GA）、隐马尔可夫（Hidden Narkov Model，HMM）、贝叶斯理论、专家系统（Expert System，ES）、决策树（Decision Tree，DT）、主成分分析（Principal Component Analysis，PCA）和支持矢量机（Support Vector Machines，SVM）等。下面以人工神经网络融合诊断航空发动机气路故障为例，对航空发动机气路状态监测技术加以说明。

研究中建立的融合诊断系统的结构，如图 9-5 所示。系统由数据预处理、广义回归神经网络诊断子系统、BP 神经网络子诊断和诊断信息融合子系统 4 个子系统构成。

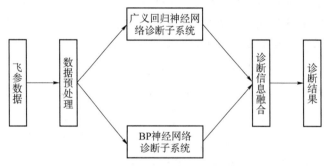

图 9-5　融合诊断系统结构

数据预处理子系统——对所需的飞机数据进行野值点剔除、数字滤波等预处理工作。

广义回归神经网络诊断子系统——具有很好的局部逼近能力和分类能力，学习速度快。此外，人为调节的参数少，只有一个阈值，网络的学习全部依赖数据样本，这个特点决定了网络得以最大限度地避免人为主观假定对预测结果的影响。

BP 神经网络诊断子系统——对非线性函数具有较好的全局逼近能力和泛化能力，在实际应用中最为广泛。然而它具有收敛速度慢、容易陷入局部极小值等缺点。

诊断信息融合子系统——对广义回归神经网络和 BP 神经网络诊断的两个子系统的诊断结果进行信息融合，以使诊断结果更加准确。

在航空发动机气路研究的应用上，国外最新研制的航空发动机都装备了先进的状态监测系统，能利用飞行数据对发动机进行智能状态监测、故障诊断及预报。如普惠公司的 F135 发动机是联合攻击战斗机（JSF）的动力装置，采用了先进的预测和管理系统，可以采集大量数据，以实现监测零部件的磨损和系统的润滑情况，探测不平衡的振动等功能。

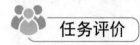 任务评价

以小组为单位，组内互相评价，占比 40%；指导教师评价，占比 60%。

序号	评价项目	评价内容	分值	学员互评 （40%）	教师评价 （60%）
1	专业能力 （70分）	课前任务一的完成情况（航空发动机结构及工作原理）	5		
2		课前任务二的完成情况（航空发动机性能参数及测量参数）	5		
3		正确选用工具及清点	5		
4		正确选用耗材	5		
5		正确查询和使用参考资料	5		
6		积极参与小组交流研讨	10		
7		正确解答小组成员的问题	30		
8		清点、检查、维护工具和耗材，清扫和整理现场	5		
9	职业素养 （30分）	忠诚担当的工作作风	10		
10		不辍学习的航空职业素养	10		
11		锲而不舍的航空工匠精神	10		
得分			100		

姓名：	学号：	总得分：	评价人：

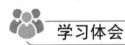 学习体会

通过本次项目的实施，都学到了哪些知识？小结一下。

_____

_____

_____

思考练习

（1）什么是发动机气路状态测试技术？

（2）简述气路故障诊断的4种方法。

（3）简述基于线性模型的故障诊断方法。

（4）简述基于非线性模型的故障诊断方法。

任务三　发动机叶尖间隙测试技术

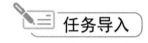 学习目标

1. 知识目标

（1）熟悉发动机叶尖间隙测试技术的概念；

（2）熟悉发动机叶尖间隙测试技术的必要性；

（3）熟悉拓展阅读相关理论知识。

2. 能力目标

（1）了解发动机尖间隙测试技术的难度；

（2）掌握发动机叶尖间隙测试技术的 5 种实施途径；

（3）了解发动机叶尖间隙测试技术的发展方向。

3. 素质目标

（1）加强航空从业人员遵章守纪的作风建设；

（2）养成安全第一的航空职业素养；

（3）培养不忘初心，甘于奉献的航空工匠精神。

职业教育前途
广阔、大有可为

任务导入

课前任务一：请同学们回忆一下航空发动机压气机的结构。

_____

_____

课前任务二：简述压气机的不稳定工作状态。

_____

_____

_____

 任务描述

发动机叶尖间隙通常情况下小于 3 mm，由于机匣圆周的不同位置间隙有所差异，叶尖间隙测试必须在高速、高温和狭小的空间进行，这是测试最大的难题。通过学习发动机叶尖间隙测试技术的概念、发展、难度和实施途径，让学员能够掌握发动机叶尖间隙测试技术的实施途径，解释实际中发动机叶尖间隙测量的方法。

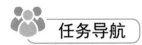

DU 之间转换

一、发动机叶尖间隙测试基础知识

发动机叶尖间隙测试技术研究的是转子叶片叶尖与机匣之间径向间隙的测试技术和测试手段，以减少工作介质的泄漏而造成的效率损失，提高发动机工作的气动稳定性。据统计，叶尖间隙每增加叶片长度的1%，效率就会降低约1.5%，耗油率增加约3%；当耗油率每增加0.1%时，可使全寿命费用增加0.7%。但从另一方面看，如果片面地为了提高发动机性能而追求较小的间隙，则可能导致叶尖与机匣的碰摩而引发整机振动，影响发动机的安全。因此，如何设计和控制间隙使其最为合适，对提高发动机性能、保证飞行安全非常重要。目前，叶尖间隙的大小靠理论方法准确计算分析尚不可行，必须在试验中进行实时监控测量。鉴于上述原因，叶尖间隙监测对发动机气动性能的设计将起到强有力的支持作用，不仅可以验证设计方法而且还可以积累数据，为设计更高性能发动机奠定基础。

（一）概述

发动机叶尖间隙指发动机叶片的顶端与发动机机匣内壁之间的距离，一般情况下小于3 mm。压气机和涡轮处的叶尖间隙对发动机的影响最明显。由于机匣不是理想的圆环，圆周不同位置的间隙也有一定差异，因此叶尖间隙测试的难点是高速、高温和狭小空间。

减小转子叶尖与机匣之间的径向间隙是提高航空发动机性能的方法之一。叶尖间隙过大（尤其是高压压气机的后几级和高压涡轮）会增加气流泄漏造成的损失，使增压比下降，喘振裕度降低，从而降低发动机的性能；如果叶尖间隙过小，叶尖与机匣易发生摩擦，导致零部件损坏，从而影响发动机的安全。

在航空发动机工作时，由于各部件承受的温度和受力变形情况不同，转子、静子间的运动是很复杂的。不同部位的零件，在径向、轴向的位移大小和方向存在很大差异，这种差异还随发动机的不同而改变。如果此值选取不当，则可能造成径向间隙过大或过小。综合分析表明，风扇、压气机和涡轮的叶尖与机匣之间都存在着"最佳"间隙，过大的间隙会使叶尖泄漏增大，造成发动机效率降低；过小的间隙将会引发叶片与机匣的摩擦振动等结构问题，影响发动机的安全运转。由于发动机转子叶尖间隙变化的影响因素是多方面的且相当复杂，目前单靠计算分析是很难确定的，必须在试验中对间隙进行实时测量，找出"最佳"间隙，并为设计改进提供依据。间隙过大或过小对发动机都是不利的，径向间隙过大会使效率降低，涡轮前温度增高。

如何设计控制间隙使其最为合适，对提高发动机性能、保证飞行安全非常重要。而合理地设计间隙，或进行主动间隙控制，关键在于搞清间隙的实际变化情况，掌握它的变化规律。因此，只有准确测量发动机叶片叶尖到机匣内壁间的距离，合理设计和控制叶尖间隙，保证叶尖与机匣不摩擦，才能提高发动机效率，并且在航空发动机研制、使用全过程中都具有重大意义。

磨蚀和外来物吞咽，以及飞行员负载变化和发动机过渡状态引起的叶尖与密封条的摩擦均会导致压气机性能恶化。磨蚀和叶尖摩擦会使压气机流道变形，使转子叶尖间隙变大。1980 年，梅哈里克（Mehalic）等人的研究指出，叶尖间隙增大是商用高涵道比涡扇发动机性能恶化的重要原因。1982 年，普尔兹佩尔斯基（Przedpelski）等人在有关直升机发动机的研究中指出，磨蚀和叶尖间隙的改变是一级叶片性能恶化的主要原因。1987 年，塔巴科夫（Tabakoff）对直升机发动机的五级轴流压气机吸入砂粒的研究和同期巴乔（Batch）等人的研究表明，接近压气机的出口处，磨蚀明显增加，压气机叶片前缘、顶端部位的磨蚀最为严重。图 9-6 所示为叶片磨蚀示意图。

综上所述，航空发动机转子叶片径向间隙的测量对发动机在研制及使用过程中有重大意义。

图 9-6　叶片磨蚀示意图

（二）分类

发动机叶尖间隙测试有如下几种方法。

（1）电火花法。

（2）电涡流法。

（3）电容法。

（4）光纤法。

（5）光导探针测量法。

（三）发展状况

航空发动机径向间隙的测量，特别是高压涡轮间隙的测量，一直以来都属于世界性的测试难题。近半个世纪以来，为了达到测试和控制间隙的目的，英、美、俄一些先进的航空发动机公司和研究机构想尽了各种办法，投入了大量的人力、物力，不断开发和完善间隙测试技术和测试手段，比较成熟的有电火花法、电涡流法、电容法等。他们在转子叶尖间隙测试应用上积累了大量的实测数据，具有相当高的技术水平，建立了发动机间隙数据库及健全的测试规范。与此同时，将间隙测量的研究成果广泛应用于航空发动机的研制中，并部分地实现了主动间隙控制。

我国开展航空发动机转子叶尖间隙测试的应用研究起步较晚，对于实测设备的开发应用还处于研制阶段。由于有国外可借鉴的技术和经验，以及已商品化的、可利用的测试手段，因此研制开发的投入比较小。我国在开展间隙测量的应用研究上也取得了一定的进展，在一些试验件上实现了转子叶尖间隙的实时测量，一些间隙测量仪器正在研制中，而间隙测量结果也被用于设计改进。例如，从英国 ROTADATA 公司引进了探针式间隙测量系统，对风扇、压气机等试验件在各种试验状态下叶尖间隙的实时变化进行了大量测量，取得了较好的效果。但与世界先进国家相比，还有相当大的差距，还需要对间隙测量给予充分的重视，加强国内间隙测量的应用研究。

在测量发动机叶片与机匣间隙方面，国外有多家公司通过研究电容法、电火花法、电涡流法等技术，开发了相应产品。例如，英国 ROTADATA 公司制造的用于测量转子叶尖间隙的传感器，测量范围为 0~3 mm，满足了压气机的叶片与机匣间隙测量的要求。

目前，国内发动机叶尖间隙测量设备基本上是从国外进口的，如引进了 ROTACAP 电容式测量设备和电火花式测量设备，但国产的叶尖间隙测量设备还没有实际应用到航空发动机的测试中。图 9-7 所示为微波叶尖间隙测量系统。

图 9-7 微波叶尖间隙测量系统

（四） 电火花法

电火花法采用的是叶尖放电方式，即依靠电机使外加直流电压的探针沿径向移动，当探针移向叶尖至发生放电为止，探针的行程与初始安装间隙（静态时探针到机匣内表面的距离）之差即叶尖间隙。目前使用的美国 RCMS4 的间隙测量系统，主要由探针、执行机构及控制器组成。其间隙测量系统在探针上施加高压，在执行机构的驱动下，以连续的步进逐渐伸向被测物体，当探针距被测物体只有微米量级时，发生电弧放电，控制器感受到放电后，在探针与叶尖物理接触之前，停止探针步进，并将其缩回到安全位置，同时显示叶尖间隙测量结果。但这只适用于 600 ℃ 以下，转速在 6 000 r/min 以上的情况，而且探针容易受异物及油的污染造成阻塞。然而，由于是接触式测量，一旦发动机紧急停车，探针不能缩回到安全位置，就容易发生故障。

电火花法的优点是原理比较简单，不需要事先校准，实用性强，无论叶片端面形状如何都可进行准确的间隙测量，测量精度为 ±0.05 mm，在高温高压下稳定可靠。该方法的缺点是只能测量转子上多个叶片的最小间隙，而不能测量每个叶片的间隙，且响应慢，外加电压波动，工作流体温度和压力的变化，探针和叶尖端面污损等，都会产生测量误差。传感器体积大，执行机械复杂，探针误动作会给叶片带来安全隐患。总之，电火花法适用于测量稳态下最长叶片与机匣的间隙，或者用来验证其他测量方法，如光纤法和电容法等。

（五）电涡流法

电涡流法是采用金属切割磁力线产生磁场变化的方法，电涡流测量间隙装置主要由探头和检测电路两部分构成。检测电路由振荡器、检波器及放大器等组成。当振荡器产生的高频电压施加给靠近金属板一侧的传感器线圈时，产生磁束，金属板受此磁束的感应产生环形电流，此电流在线圈上产生反向变化。传感器线圈受涡流影响时产生阻抗，当被测物体的传感器探头被确定后，影响传感器线圈阻抗的一些参数是不变的。此时只有线圈与被测导体之间的距离变化量与阻抗有关。如果通过检测电路测出阻抗的变化量，即得出叶尖的间隙值。

电涡流法的特点是：体积小、质量轻、结构简单、不必做复杂的调整、频率响应范围宽、灵敏度高、测量范围大、抗干扰能力强。此方法受叶片材料的影响较大，叶尖端面还需要有一定的厚度。由于传感器输出是随着叶尖形状、安装状态和环境温度等变化，因此事先需要校准，使其适合使用环境。电涡流法不适合钛合金叶片，也做不了高温条件下的测量；如果叶尖面积太小，则不能测量。

（六）电容法

电容法是靠绝缘电极的机匣和转子叶尖间隙形成的电容进行测量的，测得的电容是电极几何形状、电极距离及两极间介质的函数。该方法忽略了边缘影响和测量电容与间隙的关系。国外常把电容法分为调频式和调幅式两类：调频式主要用于压气机与机匣的间隙测量；调幅式主要用于连续变化的情况。调频式系统的工作原理是：叶尖与探头电极之间的间隙发生变化引起电容变化，进而引起振荡频率的改变，这一变化信号对原载波信号进行频率调制，调频后的信号由振荡器输出，通过电缆送到信号处理器，最后将间隙的变化变成信号输出。

电容法的特点是：灵敏度高、固有频率高、频带宽、动态响应性能好、能在数兆赫的频率下正常工作、功率小、阻抗性能好等。它的精度受多方面因素的影响，如测量时介质的介电常数的变化、环境的干扰、探头及机匣受热变形和校准误差等。

（七）光纤法

反射式光纤叶尖间隙测量法属于激光法的一种，当光源发出的光经光纤照射到位移反射体后，被反射的光又经接收光纤输出到光敏器上。其输出光强取决于反射体距光纤探头的距离，当位移变化时则输出光强做相应的变化，通过对光强的检测得到间隙值。

光纤法的主要特点是：高灵敏度、高分辨率、抗电磁干扰、超高电绝缘，结构简单、性能稳定、设计灵活，能在恶劣的环境下工作，适合于静态和动态的实时监测。然而，由于叶片表面经过高温烧蚀，它的反射系数降低，发射损失会造成灵敏度降低，因此要求反射面与光纤垂直，如果反射端面稍有倾斜，对灵敏度也会有很大的影响。反射式激光测量方法要求叶尖表面比较光洁，难以持续提高精度，故也不适于涡轮中油污严重的情况。

（八）光导探针测量法

光导探针测量法也属于激光法，它通过光导纤维将一激光束投射到转子叶片的叶尖上，当叶尖间隙发生变化时，由于反射的光返回路径不同，在光电接收器上的光点位置发生变化，其变化量经过计算即得出转子叶尖的间隙。

光导探针测量法的特点是：不受转子叶片本身材料的限制，各种转子叶片都可以测量；

适用于精度高、频响快、高温涡轮叶尖间隙测量；能在恶劣的环境下工作，适用于静态和动态的实时检测；成本低、光纤探头体积较小和易安装等。然而，由于传感器运行在高温、高压和大振动的情况下，因此需对光学系统进行保护，防止污染和仪器损坏。此外，该方法同样不适于涡轮中油污严重的情况。

二、发动机叶尖间隙测试应用案例

电容式叶尖间隙传感器用于发动机叶尖间隙测量时，测量探头固定在叶片顶端的机匣中，构成电容的一个极；发动机叶片叶尖在经过探头前方时构成电容的另一个极，如图 9-8 所示。所测得的电容是电极几何形状、电极距离及极间介质的函数。

一般情况下，发动机的工作介质不变。对于叶尖几何形状不变的叶片来说，叶尖/探头正对面积 S 为定值，其叶尖与探头的距离可以通过电容直接测量出来。

测量中叶尖间隙传感器探头与叶尖距离和重叠面积很小，因此产生的电容也很小，电容量级为 10^{-2} pF。为了精确测量如此小的电容并便于测量记录，在构建间隙测量系统时，将该测量电容并入一个振荡器，电容的改变会导致振荡器自然频率的改变，再通过解调器将自然频率转化为电压量，通过对电压量/间隙进行转化的线性化器（内置标定曲线）后可获得测量间隙值，其系统原理如图 9-9 所示。

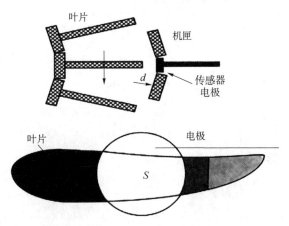

图 9-8　电容式叶尖间隙传感器测量原理

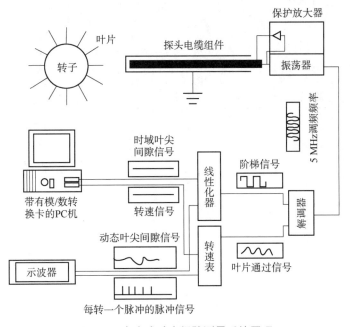

图 9-9　电容式叶尖间隙测量系统原理

现在很多先进的叶尖间隙测量系统，如法国 Fogale 公司的 MC902D 叶尖间隙测量系统，将振荡放大器和解调放大器集成在电容模块，并在该模块中增加了线性补偿模块，使测量精度更高。同时，为了简化系统，去掉了线性化器直接记录电压量。

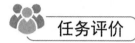

以小组为单位，组内互相评价，占比 40%；指导教师评价，占比 60%。

序号	评价项目	评价内容	分值	学员互评（40%）	教师评价（60%）
1	专业能力（70分）	课前任务一的完成情况（航空发动机压气机的结构）	5		
2		课前任务二的完成情况（压气机的不稳定工作状态）	5		
3		正确选用工具及清点	5		
4		正确选用耗材	5		
5		正确查询和使用参考资料	5		
6		积极参与小组交流研讨	10		
7		正确解答小组成员的问题	30		
8		清点、检查、维护工具和耗材，清扫和整理现场	5		
9	职业素养（30分）	严格遵守操作规程，严禁违规作业	10		
10		安全第一的航空职业素养	10		
11		不忘初心，甘于奉献的航空工匠精神	10		
得分			100		
姓名：	学号：		总得分：	评价人：	

学习体会

通过本次项目的实施，都学到了哪些知识？小结一下。

_____

_____

_____

_____

思考练习

（1）简述发动机叶尖间隙测试技术的概念。

（2）什么是电火花法？

（3）什么是电容法？

（4）简述电容式叶尖间隙传感器的测量原理？

 拓展阅读

阅读一：弹性环式测力计测试轴向载荷

阅读二：涡流量传感器

阅读三：光纤振动传感器

阅读四：双光谱辐射高温计

阅读五：我在春秋航空修飞机

参 考 文 献

[1] 北京长城航空测控技术研究所. 航空测试技术［M］. 北京：航空工业出版社，2013.

[2] 陈益林. 航空发动机试车工艺［M］. 北京：北京航空航天大学出版社，2010.

[3] 张宝诚. 航空发动机试验和测试技术［M］. 北京：北京航空航天大学出版社，2005.

[4] 陈杰，黄鸿. 传感器与检测技术［M］. 北京：高等教育出版社，2010.

[5] 周杏鹏. 传感器与检测技术［M］. 北京：清华大学出版社，2010.

[6] 张玉莲. 传感器与自动检测技术［M］. 北京：机械工业出版社，2019.

[7] 波音商用飞机集团. AMM［Z］. 芝加哥：波音商用飞机集团维护与工程技术服务部，2021.

[8] 美国航空运输协会. ATA100［Z］. 纽约：美国航空运输协会，1999.

[9] 中国民用航空局. 民航安全从业人员工作作风长效机制建设指南［Z］. 北京：民航局综合司，2022.

[10] 中国民用航空局. 航空器维修基础知识和实作培训规范［Z］. 北京：民航局综合司，2020.

[11] 中国民用航空局. 民航维修工作作风管理规范［Z］. 北京：民航局综合司，2020.

[12] 中国民用航空局. 民航维修行业失信行为管理办法［Z］. 北京：民航局综合司，2020.

[13] 叶丽娜. 现代测量技术［M］. 合肥：安徽人民出版社，2008.

[14] 陈卫，程礼，李全通，等. 航空发动机监控技术［M］. 北京：国防工业出版社，2010.

[15] 田仲，石君友. 系统测试性设计分析与验证［M］. 北京：北京航空航天大学出版

社，2003.

[16] 杜鹤龄. 航空发动机高空模拟 [M]. 北京：国防工业出版社，2002.

[17] 陶春虎，钟培道，王仁智，等. 航空发动机转动部件的失效与预防 [M]. 北京：国防工业出版社，2008.

[18] 周自全. 飞行试验工程 [M]. 北京：航空工业出版社，2010.

[19] 李金国，傅志高，刘永坚，等. 高可靠性航空产品试验技术 [M]. 北京：国防工业出版社，2011.

[20] 杨廷善. 航空测控系统实用手册 [M]. 北京：航空工业出版社，1997.

[21] 李曙林. 飞机与发动机强度 [M]. 北京：国防工业出版社，2007.

[22] 张凤鸣，惠晓滨. 航空装备故障诊断学 [M]. 北京：国防工业出版社，2010.

附　　录

航空测试技术

任务工单

主　编　林　坤　　韩飞燕

副主编　张建广　　豆卫涛

　　　　吕晓冬　　杨晓彤

主　审　冯　娟

北京理工大学出版社
BEIJING INSTITUTE OF TECHNOLOGY PRESS

工单标题	ATA100 规范查询与使用			工单编号	1-1-1
工作区域				任务日期	
任务	ATA100 规范的使用规则			工时	
任务描述	对照任务清单按要求进行 ATA100 规范的查询，正确填写表中的任务，熟悉各章节对应的内容，能够正确查询和使用 ATA100 规范				
注意事项	1. 严格遵守操作规程； 2. 牢记操作步骤				
参考资料	ATA100		美国航空运输协会第 100 号规范		
类别	名称	数量	单位	工作者	检查者
工具	计算机	1	台		
	ATA100 规范文件	1	套		
	英文翻译软件	1	个		
	PDF 阅读器	1	个		
耗材	水性笔	1	支		
	笔记本	1	个		
任务实施				工作者	检查者
准备查询	1. 打开计算机； 2. 打开 ATA100 规范文件； 3. 打开英文翻译软件				
编码规则	3 组 2 位数字组成××-××-××，分别代表： 第一组××： 第二组××： 第三组××： 例：32-11-21 32： 11： 21：				
编码规定	左起 1~3 个数字编码： 左起 4~6 个数字编码：				

续表

任务实施			工作者	检查者
章节划分	01~04 章： 05~12 章： 20~49 章： 51~57 章： 60~65 章： 70~80 章：			
飞机各系统 的名称 （5~12）	05： 06： 07： 08：	09： 10： 11： 12：		
飞机各系 统的名称 （20~49）	20： 21： 22： 23： 24： 25： 26： 27： 28： 29： 30： 31： 32： 33： 34：	35： 36： 37： 38： 39： 40： 41： 42： 43： 44： 45： 46： 47： 48： 49：		
飞机各系统 的名称 （51~57）	51： 52： 53： 54：	55： 56： 57：		
飞机各系统 的名称 （70~80）	70： 71： 72： 73： 74： 75：	76： 77： 78： 79： 80：		

任务实施		工作者	检查者
其他内容的名称 (81~91)	81： 87： 82： 88： 83： 89： 84： 90： 85： 91： 86：		
拓展任务	写出所有各子系统（节）的名称： 例：32-1×：		
检查	小组成员互相检查		
结束工作	填写查询结果，关闭所有文件页面和软件，关闭计算机，清扫和整理现场		

工单标题	AMM 手册查询与使用			工单编号	1-2-1
工作区域				任务日期	
任务	AMM 手册的使用规则			工时	
任务描述	对照任务清单按要求进行 AMM 手册的查询，正确填写表中的任务，熟悉各系统—子系统—项目对应的内容，能够正确查询和使用 AMM 手册				
注意事项	1. 严格遵守操作规程； 2. 牢记操作步骤				
参考资料	AMM			飞机维护手册	

类别	名称	数量	单位	工作者	检查者
工具	计算机	1	台		
	AMM 手册	1	套		
	英文翻译软件	1	个		
	PDF 阅读器	1	个		
耗材	水性笔	1	支		
	笔记本	1	个		

任务实施		工作者	检查者
准备查询	1. 打开计算机； 2. 打开 AMM 手册； 3. 打开英文翻译软件		
编码规则	3 组 2 位数字组成××-××-××： 左起 1~3 个数字编码： 左起 4~6 个数字编码： 如果手册的内容适用于整个系统，则第二组数字和第三组数字均以_____作为编号。 第一组××： 第二组××： 第三组××：		
工作任务代码	例：TASK 32-42-11-000-801-002 32： 42： 11： 000： 801： 002：		

任务实施		工作者	检查者
页区编码（页块）	参考编码 001： 101： 201： 301： 401： 501： 601： 701： 801： 901：	页码区段	维护类型
AMM 查询方法（一）	已知关键词的查询方法： 步骤1：首先确定信息的关键词，根据信息的关键词，判定信息可能在的 ATA100 章节。 步骤2：根据相关信息确定该架飞机的有效性代码。 步骤3：检查临时改版清单中有无相关信息。 步骤4：根据相关信息找到该章的目录，通过关键词在目录找到关键词所在的节或分子系统。也可以通过软件自带的搜索功能输入关键词进行过滤和筛选。 步骤5：找到所在的节或分子系统后，根据相关信息确定主题部分和页区。找到手册相应页区查找所需信息。 例：查找安装 B737-800 机型 B-5301 飞机上固定燃油关断活门的螺栓的力矩要求		
AMM 查询方法（二）	已知飞机维护工作的支持系统任务代码的查询方法如下。 步骤1：根据飞机维护工作支持系统任务代码的前3组数字得到 ATA100 章节号，根据第4位数字得到页区代码。 步骤2：根据相关信息确定该架飞机的有效性代码。 步骤3：检查临时改版清单中有无相关信息。 步骤4：根据相关信息找到该章的目录和页区，通过飞机维护工作的支持系统任务代码，在飞机维护手册中快速找到对应章节页的信息。也可以通过软件自带的搜索功能输入关键词进行过滤和筛选。 例：查找安装 B737-800 机型 B-5301 飞机上固定燃油关断活门的螺栓的力矩要求，已知飞机维护工作的支持系统任务代码是 TASK 28-21-51-400-801		

任务实施		工作者	检查者
拓展任务	写出所有第4组代码的功能： 例：000： 　　　010：		
检查	小组成员相互检查		
结束工作	填写查询结果，关闭所有文件页面和软件，关闭计算机，清扫和整理现场		

工单标题	航空从业人员安全作风建设与养成	工单编号	1-3-1
工作区域		任务日期	
任务	加强安全作风建设	工时	
任务描述	对照任务清单按要求进行安全作风法规和文件的查询，正确地填写表中的任务，牢记安全作风建设的各项内容。加强航空从业人员的安全作风建设；养成扎实严谨的航空测试工作作风；培养精益求精的工匠精神		
注意事项	1. 严格遵守法规和文件； 2. 牢记法规和文件内容		

参考资料	民航法规〔2021〕23号	民航安全从业人员工作作风长效机制建设指南
	AC-66-FS-002R1	航空器维修基础知识和实作培训规范
	MD-MAT-FS-002	民航维修工作作风管理规范
	MD-MAT-FS-001	民航维修行业失信行为管理办法
	—	相关文件和通告

类别	名称	数量	单位	工作者	检查者
工具	计算机	1	台		
	法规和文件	1	套		
	PDF阅读器	1	个		
耗材	水性笔	1	支		
	笔记本	1	个		

任务实施		工作者	检查者
准备查询	1. 打开计算机； 2. 打开相关安全作风法规和文件		
两个"确保"	1. 确保 2. 确保		

续表

任务实施		工作者	检查者
3 个敬畏	安全作风建设要以 3 个敬畏为内核: 1. 敬畏 2. 敬畏 3. 敬畏		
15 条 硬措施	15 条硬措施: 1. 9. 2. 10. 3. 11. 4. 12. 5. 13. 6. 14. 7. 15. 8.		
5 个属性	民航安全工作的 5 个属性如下: 1. 2. 3. 4. 5.		
3 管 3 必须	2021 年 9 月新安全生产法施行,3 管 3 必须内容: 1. 管 2. 管 3. 管		
6 个起来	6 个起来的要求如下: 1. 4. 2. 5. 3. 6.		
安全作风 两个层面	安全作风内涵和包括两个层面: 1. 精神层面: 2. 行为层面:		
4 个责任	安全作风建设 4 个责任机制: 1. 2. 3. 4.		

	任务实施	工作者	检查者
当代民航精神	当代民航精神： 1. 2. 3. 4.		
6个到班组	维修实作6个到班组： 1. 4. 2. 5. 3. 6.		
4个关系	安全生产的4个关系： 1. 2. 3. 4.		

拓展任务	航空从业人员安全作风的相关要求：
	例：1. 三防
	    2. 三基
	    3. 四严		

检查	小组成员相互检查		
结束工作	填写查询结果，关闭所有文件页面和软件，关闭计算机，清扫和整理现场		

工单标题	发动机 T12 温度传感器 维护与测试	工单编号	2-1-1
工作区域		任务日期	
任务	73-21-05-000-801-F00 73-21-05-400-801-F00	工时	
任务描述	对照任务清单按要求进行工具的清点和检查，正确进行 T12 温度传感器的拆装与测试，能够正确检查 T12 温度传感器		
注意事项	1. 严格遵守操作规程； 2. 注意安全，严禁违规作业		

参考资料	71-00-00-800-811-F00	动力装置测试参考表
	SWPM Ch 20	标准接线实施手册

位置区域	1 号发动机-前进气道	维护盖板	1 号发动机 T12 检查口盖
	2 号发动机-前进气道		2 号发动机 T12 检查口盖

类别	名称	数量	单位	工作者	检查者
工具	防爆手电筒	1	件		
	发动机标准工装夹具	1	套		
	榔头	1	件		
	力矩扳手	1	套		
	虎口钳	1	件		
耗材	油脂——高温石墨	1	盒		
	油脂——传导性——Brisal OX	1	盒		

任务实施		工作者	检查者
准备拆卸	1. 打开相关断路器并安装安全标签； 2. 打开进气道上适用的 T12 检修面板		
拆卸	1. 将通道 A T12 传感器接头［9］从 J7 导线束插孔［10］上拆下； 2. 从 J8 导线束插孔［7］上拆卸通道 B T12 传感器接头［8］； 3. 拆卸螺帽［3］和垫圈［4］，将搭接片［5］从 T12 上断开 T12 传感器［1］； 4. 松开将 T12 传感器［1］固定在进气罩上的 4 颗紧固螺栓［2］，从进风口拔出 T12 传感器［1］		

任务实施		工作者	检查者
准备安装	1. 使用防爆手电筒目视检查工作区域。确保传感器插座和导线束插头洁净且状况良好。确保搭接片［5］、接地片［6］、垫圈［4］和螺帽［3］的清洁并处于良好状况。确保 T12 传感器支架装配表面洁净且状况良好。确保传感器的减振装置表面清洁且光滑。 　2. 进行相关安装零件的润滑。使用油脂润滑紧固螺栓［2］的螺纹。使用 Brisal OX 油脂润滑搭接片［5］、接地片［6］、垫圈［4］和螺帽［3］		
安装	1. 将 T12 传感器［1］放置在进口上。拧紧紧固螺栓［2］，力矩为 110～120 lb·in（12.5～13.5 N·m）； 　2. 用垫圈［4］和螺帽［3］在接地片［6］上安装搭接片［5］。①确保 Brisal OX 油脂涂抹在所有跨接部件的交合面上。②拧紧螺帽［3］，力矩为 98～110 lb·in（11～12.5 N·m）； 　3. 将 T12 传感器 A 通道传感器接头［9］连到 J7 导线束插孔［10］； 　4. 将 T12 传感器 B 通道传感器接头［8］连到 J8 导线束插孔［7］		
检查与测试	1. 从进气罩上，目视检查 T12 传感器［1］是否损坏； 　2. 观察是否有刻痕、凹痕和划痕；检查进气口或出气口是否有污垢堆积； 　3. 打开进气罩上适用的 T12 传感器检修面板，目视检查 T12 电连接器； 　4. 确保 J7 和 J8 导线束插孔和 J7 和 J8 插座是清洁的、无损坏的，连接正确； 　5. 关闭适用的维护盖板； 　6. 去掉安全标签并闭合跳开关； 　7. 进行动力装置测试、参考表中所列的测试		
结束工作	清点、检查、维护工具和耗材，清扫和整理现场		

工单标题	发动机 T49.5 温度传感器 维护与测试		工单编号	2-2-1
工作区域			任务日期	
任务	77-21-01-000-801-F00 77-21-01-400-801-F00		工时	
任务描述	对照任务清单按要求进行工具的清点和检查，正确进行 T49.5 温度传感器的拆装与测试，能够正确检查 T49.5 温度传感器			
注意事项	1. 严格遵守操作规程； 2. 注意安全，严禁违规作业			
参考资料	78-31-00-010-801-F00		打开反推装置（选择）	
	70-20-01-800-804-F00		保险丝安装	
	71-00-00-800-811-F00		动力装置测试参考表	
	78-31-00-010-804-F00		关闭反推装置（选择）	
位置区域	发动机 1-发动机 发动机 2-发动机			

类别	名称	数量	单位	工作者	检查者
工具	发动机标准工装夹具	1	套		
	榔头	1	件		
	虎口钳	1	件		
	绝缘电阻测试器	1	件		
	电阻欧姆计	1	件		
	力矩扳手	1	套		
耗材	Scotch Flatback 遮蔽胶带 250	1	卷		
	油脂——高温石墨	1	盒		
	Molykote P37 膏状润滑剂	1	盒		
	直径 0.032 in （0.8 mm）的保险丝	1	件		
	不锈钢安全钢索， 直径 0.8 mm	1	套		

任务实施		工作者	检查者
准备拆卸	1. 对于 1 号发动机，断开跳开关并安装安全标签； 2. 对于 2 号发动机，断开跳开关并安装安全标签； **★警告：打开反推装置之前，按正确顺序做这些指定任务：收起前缘、解除前缘和反推装置（用于地面维护），并打开风扇整流罩面板。如果不遵照以上顺序，可能发生人员伤害和设备损坏。** 3. 打开反推装置（选择）		
拆卸	**★警告：小心火警探测器的导线。拆卸 T49.5 探头时可能会损坏设施。** 1. 从可适用的插座上断开可适用的插头螺帽［2］，DP1013（左侧顶部）、DP1012（左侧底部）、DP0912（顶部右侧）或 DP0913（底部右侧）； 2. 拆卸将插座连接到支架的两个螺帽［4］、垫圈［5］、螺栓［8］和垫圈［7］； 3. 拆卸将插座连接到支架的两个螺栓［8］和垫圈［7］； 4. 拆卸 4 个将 T49.5 探头［3］连接到 LPT 机匣螺桩的螺帽［6］； 5. 切割和拆卸：将螺栓连接到特定垫圈的保险丝； **★注：对于带有已修理的 T49.5 探头支架的发动机，找到一个更换螺桩和螺帽［6］的螺栓。保险丝将螺栓锁定到固定在螺帽［6］上的特定垫圈上。在特定垫圈标示区域上，标上 SB CFM56-7B 72-0423。** 6. 拆卸并保存：将 T49.5 探头［3］连接到涡轮框上支架组件的螺栓； 7. 拆卸：将 T49.5 探头［3］连接到涡轮框的螺帽［6］； 8. 拆卸和保存特定垫圈； 9. 小心地从发动机处拆卸 T49.5 探头［3］； 10. 在热电偶上放置护套； 11. 在插头螺帽和插座上放一个护套； 12. 在两个 LPT 机匣孔上贴附 Scotch Flatback 遮蔽胶带 250 或保护层		
准备安装	1. 从两个 LPT 机匣孔处拆卸遮蔽（金属）胶带或护套； 2. 从插头螺帽和插座处拆卸护套； 3. 从热电偶处拆卸护套； 4. 用油脂润滑两个螺栓［8］的螺纹； 5. 用 Molykote P37 润滑剂润滑四个 LPT 机匣螺桩的螺纹		

任务实施		工作者	检查者
安装	★警告：小心火警探测器的导线。安装 T49.5 探头时可能会损坏设施。 1. 从 LPT 机匣孔内小心地安装 T49.5 探头 [3]； 2. 松弛地安装四个螺帽 [6]，将 T49.5 探头 [3] 连接到 LPT 机匣螺柱； 3. 用润滑剂润滑之前拆下螺栓的螺纹； ★注：对于带有已修理的 T49.5 探头 [3] 支架的发动机，必须用一个螺栓更换每个支架上缺失的螺柱和螺帽 [6]。 4. 用位于 T49.5 探头 [3] 支架螺纹孔内的螺栓将 T49.5 探头 [3] 连接到涡轮框支架； 5. 将之前拆下的特定垫圈安装在顶部刻有编号的螺柱之上； ★注：小心将特定垫圈底板转向螺栓头。 6. 用螺帽 [6] 将 T49.5 探头 [3] 连接到螺栓； 7. 拧紧螺帽 [6] 和螺栓，力矩为 100~110 lb·in； 8. 用保险丝或钢索锁定螺栓：①将保险丝穿过头部孔安装；②连接特定垫圈		
检查与测试	1. 对探头管（T49.5 探头到接线盒）和附近零件（支架、螺帽、螺栓等）之间的间隙作一次检查：①确保缝隙不超过 0.12 in（3 mm）。②分别拧紧螺帽 [6] 和 [4]，力矩为 98~110 lb·in（11~12.5 N·m）； 2. 确保插头螺帽 [2] 和插座清洁且无多余材料； 3. 将可适用插头螺帽 [2]，DP1013（CH B，顶部左侧）、DP1012（CH B，底部左侧）、DP0912（CH A，顶部右侧）或 DP0913（CH A，底部右侧），安装到可适用的插座上：①拧紧插头螺帽 [2]，力矩为 133~177 lb·in（15~20 N·m）；②将保险丝或钢索安装到插头螺帽 [2] 上； ★警告：遵照程序中指令关闭反推装置。如不遵照该指示，则会造成人员伤害和设备损坏。 4. 关闭反推装置（选择）； 5. 从可适用插座上断开可适用的插头螺帽，DP1013（顶部左侧），DP1012（底部左侧），DP0912（顶端右侧）或 DP0913（底部右侧）； 6. 目视检验相应插头螺帽和导线插座的腐蚀状况； 7. 如果发现插头螺帽和导线束插座上出现腐蚀，应清洁部件并进行电气检查； 8. 取下安全标签并闭合跳开关； 9. 进行动力装置测试		
结束工作	清点、检查、维护工具和耗材，清扫和整理现场		

14

工单标题	发动机 PT25 温度传感器 维护与测试		工单编号		2-3-1
工作区域			任务日期		
任务	73-21-02-000-801-F00 73-21-02-400-801-F00		工时		
任务描述	对照任务清单按要求进行工具清点和检查，正确进行 PT25 温度传感器的拆装与测试，能够正确检查 PT25 温度传感器				
注意事项	1. 严格遵守操作规程； 2. 注意安全，严禁违规作业				
参考资料	72-23-03-000-802-F00		防护套管段拆卸		
	72-23-07-000-801-F00		风扇导管板拆卸		
	78-31-00-010-801-F00		打开反推装置（选择）		
	72-23-03-400-802-F00		防护套管段安装		
	72-23-07-400-801-F00		风扇导管板安装		
	73-21-00-700-802-F00		FADEC 系统测试		
	78-31-00-010-804-F00		关闭反推装置（选择）		
位置区域	发动机 1-发动机				
	发动机 2-发动机				
类别	名称	数量	单位	工作者	检查者
工具	发动机标准工装夹具	1	套		
	力矩扳手	1	套		
	榔头	1	件		
	虎口钳	1	件		
耗材	油脂——高温石墨	1	盒		
	滑油——燃油系统 防腐剂	1	盒		
	PT25 传感器	1	套		
	O 形圈	1	套		

任务实施		工作者	检查者
准备拆卸	1. 对于 1、2 号发动机，断开跳开关并安装安全标签； 2. 打开反推装置（选择）； 3. 在 VBV 腔中 6：00 到 7：00 位置，拆下左下延伸环面板［2］，拆卸风扇风道面板［1］		
拆卸	1. 从 PT25 上拆卸 J9 导线束接头［10］和 J10 导线束接头［9］、PT25 插座（DP1012）［12］和 PT25 插座（DP1013）［13］； ★警告：使用两个扳手松开压力管接头螺帽。使用一个夹住接头，另一个松开联轴节螺帽。如果不使用两个扳手，会损坏管和接头。 2. 将 PT25 管路［8］与压力管接头［3］断开； 3. 拧松 PT25 压力管接头［3］上的 PT25 接头螺母［6］； 4. 拧松 PT25 压力管接头［3］上的 PT25 接头螺母［6］，取下垫圈［19］； 5. 松开紧固螺栓［16］，将 PT25 压力管［15］从 PT25 传感器［14］法兰上拆下；然后，拆卸 PT25 螺母［6］； 6. 将压力管接头［3］从风扇框架舱壁上拆下，取出 PT25 压力管［15］；拆卸两个螺栓［7］；拆卸支架［5］； 7. 拆卸 PT25 连接螺母［11］，向上推动支架［4］，使其脱离 PT25 插座； 8. 拆卸风扇框架舱壁上的两个 PT25 插座（DP1012）［12］和（DP1013）［13］； 9. 松开 PT25 传感器［14］法兰上的 3 颗紧固螺栓［18］； 10. 从 VBV 腔内拆卸 PT25 传感器［14］		
准备安装	1. 确保部件接口洁净且状况良好； 2. 使用滑脂润滑固定螺栓［16］和［18］的螺纹		

	任务实施	工作者	检查者
安装	★**警告：不要让滑油留在皮肤上。在通风良好的区域内使用滑油。滑油是有毒的，并可被皮肤吸收。滑油蒸气会刺激呼吸道。** 1. 用滑油润滑新 O 形圈［17］，在 PT25 压力管［15］上安装 O 形圈［17］； 2. 将 PT25 传感器［14］放置在 VBV 腔内，拧紧 3 个固定螺栓［18］，力矩为 110～121 lb·in（12.5～13.5 N·m）； 3. 穿过风扇框隔壁安装两个 PT25 插座 DP1012［12］和 DP1013［13］； 4. 安装支架［4］，从而将 PT25 插座［12］和［13］锁定； 5. 确保发动机立即开始减速并继续减速到以通常的速度完全停止； 6. 确保启动杠杆处于截止位置； 7. 推动相应的操纵杆； 8. 对于 1、2 号发动机，断开跳开关并安装安全标签		
检查与测试	进行动力装置测试		
结束工作	清点、检查、维护工具和耗材，清扫和整理现场		

工单标题	滑油系统压力传感器 维护与测试		工单编号		3-1-1
工作区域			任务日期		
任务	79-32-01-000-801-F00 79-32-01-400-801-F00		工时		
任务描述	对照任务清单按要求进行工具的清点和检查,正确进行滑油系统压力传感器的拆装与测试,能够正确检查滑油压力传感器				
注意事项	1. 严格遵守操作规程; 2. 注意安全,严禁违规作业				
参考资料	70-10-02-910-801-F00		发动机部件拆卸和安装期间的常规预防措施		
	70-30-01-910-802-F00		密封件(预成型封圈和O形圈)和密封垫		
	71-11-02-010-801-F00		打开风扇整流罩面板		
	12-13-11-600-801		补充发动机滑油		
	71-11-02-410-801-F00		关闭风扇整流罩面板		
	71-00-00-800-811-F00		动力装置测试参考表		
位置区域	发动机1——发动机				
	发动机2——发动机				

类别	名称	数量	单位	工作者	检查者
工具	发动机标准工装夹具	1	套		
	力矩扳手	1	套		
耗材	棉揩布——工艺清洗吸收布(干布、纱布)	1	卷		
	滑油——发动机 (CFMI SB79-001)	1	套		
	油脂——高温石墨	1	盒		
	封圈	1	盒		

任务实施		工作者	检查者
准备拆卸	1. 对于 1 号发动机，断开跳开关并安装安全标签； 2. 对于 2 号发动机，断开跳开关并安装安全标签； 3. 打开风扇整流罩面板		
拆卸	★警告：如发动机是热的，则不得触摸滑油系统部件。这些部件仍比其他部件热。热部件会烫伤人体。 ★警告：压力为零时再打开滑油系统。发动机关闭后大约 5 min 后压力为零。增压的发动机会喷射热滑油造成烫伤。 ★警告：不得让热滑油触及人体。戴上护目镜和其他防护设备或冷却发动机。热滑油会烧伤人体。 ★警告：不允许热滑油接触到发动机或者其他部件。立即清洗滑油滴落在上面的部件。滑油会损坏油漆和橡胶。 1. 从传感器插座上断开电插头——DP0705（CH A）[5] 和 DP0805（CH B）[6]； 2. 将棉揩布放在传感器 [2] 的下面； 3. 从传感器 [2] 上拆卸 3 个螺栓 [1] 和 3 个垫圈 [3]。 ★注：移开搭接条。 4. 拆卸传感器 [2]，用棉揩布擦去滑油。 5. 拆卸 VESPEL 板 [7] 和四个封圈 [8]、密封件（预成型封圈和 O 形圈）和密封垫。报废 4 个封圈 [8]。 ★注：如果 VESPEL 板处于良好状况，可再次使用。 6. 将保护盖放在滑油压力总管和传感器法兰开口，发动机部件拆装期间正常防护		
准备安装	1. 确保传感器 [2] 和滑油压力总管的配套法兰清洁并处于良好状态； 2. 拆卸滑油压力总管中的开口和传感器法兰上的保护盖		

	任务实施	工作者	检查者
安装	1. 用滑油润滑 4 个新的封圈 [8]； 2. 在 3 个螺栓 [1] 上安装 3 个垫圈 [3]； 3. 用油脂润滑 3 个螺栓 [1] 的螺纹； ★警告：如发动机是热的，则不得触摸滑油系统部件。这些部件仍比其他部件热。热部件会烫伤人体。 4. 在 VESPEL 板 [7] 的槽内安装 4 个封圈 [8]； ★警告：确保封圈保持在 VESPEL 板的槽内。如果 VESPEL 板上没有正确安装封圈，发动机运行时会损失滑油。 5. 在滑油压力总管配合面上安装 VESPEL 板 [7]； 6. 在滑油压力总管配合面上安装传感器 [2]； 7. 松弛地安装：将传感器 [2] 连接到滑油压力总管上的 两个下部螺栓 [1]； 8. 安装顶部螺栓 [1] 以连接搭接带。拧紧螺栓 [1]，力矩为 98~110 lb · in（11~12.5 N · m）。 9. 将电插头 DP0705（CH A）[5] 和 DP0805（CH B）[6] 连接到相应的传感器插座 CH A 和 CH B 上		
检查与测试	1. 关闭风扇整流罩面板。 2. 对于 1 号发动机，拆卸安全标签并闭合这些跳开关； 3. 对于 2 号发动机，拆卸安全标签并闭合这些跳开关； 4. 做动力装置测试参考表所列的测试，任务 71-00-00-800-811-F00； 5. 如果油位低，则补充发动机滑油		
结束工作	清点、检查、维护工具和耗材，清扫和整理现场		

工单标题	主液压系统压力传感器 维护与测试		工单编号	3-2-1
工作区域			任务日期	
任务	29-31-12-000-801 29-31-12-400-801		工时	
任务描述	对照任务清单按要求进行工具的清点和检查，正确进行主液压系统压力传感器的拆装与测试，能够正确检查主液压系统压力传感器			
注意事项	1. 严格遵守操作规程； 2. 注意安全，严禁违规作业			
参考资料	29-09-00-860-802		液压油箱释压	
	29-09-00-860-808		液压油箱释压	
	29-11-00-860-805		液压系统 A 或 B 液压源去除	
	20-10-44-400-801		保险丝安装	
	24-22-00-860-811		提供电源	
	29-09-00-860-801		液压油箱增压	
	29-09-00-860-807		液压油箱增压	
	29-11-00-860-801		液压系统 A 或 B 增压	
位置区域	主起落架轮舱，机身站位 663.75 到机身站 727.00-左			
	主起落架轮舱，机身站位 663.75 到机身站 727.00-右			

类别	名称	数量	单位	工作者	检查者
工具	标准拆装工具	1	套		
耗材	液压组件润滑剂 MCS 352B	1	桶		
	液压油——液压， 抑制腐蚀、阻燃	1	套		
	保险丝	1	盘		
	O 形圈	1	盒		

任务实施		工作者	检查者
准备拆卸	1. 从适用的液压系统断开液压源，撤除液压系统 A 动力； 2. 释放适用的系统液压油箱的压力，液压油箱释压		

	任务实施	工作者	检查者
拆卸	拆卸液压系统 A 的压力传感器： 1. 断开跳开关并安装安全标签； 2. 从压力传感器［1］拆下电插头［2］； 3. 在电插头［2］上安装保护盖； 4. 拆卸压力传感器［1］； 5. 拆下并报废 O 形圈［4］； 拆卸液压系统 B 的压力传感器： 6. 断开跳开关并安装安全标签； 7. 从压力传感器［6］上拆下电插头［7］； 8. 在电插头［7］上安装保护盖； 9. 拆卸压力传感器［6］； 10. 拆下并报废 O 形圈［5］		
准备安装	1. 将 MCS 352B 液体或 D00153 液体涂到系统 A 新的 O 形环［4］或系统 B 新的 O 形环［5］； 2. 将 O 形圈安装在传感器孔内		
安装	1. 安装传感器［1］； 2. 拆卸电插头上的保护盖； 3. 将电插头连接到压力传感器； 4. 打保险丝到压力传感器。安装保险丝； 5. 安装压力传感器［6］； 6. 拆卸电插头［2］上的保护盖； 7. 将电插头［2］连接到压力传感器［6］； 8. 安装保险丝		
检查与测试	1. 安装液压系统 A 的压力传感器，拆卸安全标签并闭合跳开关； 2. 安装液压系统 B 的压力传感器，拆卸安全标签并闭合跳开关； 3. 提供电源； 4. 增压适用的液压油箱； 5. 增压可用的液压系统； 6. 检查所有接头有无泄漏； 7. 拆除液压系统 A 或 B 动力		
结束工作	清点、检查、维护工具和耗材，清扫和整理现场		

工单标题	备用液压系统压力传感器 维护与测试		工单编号		3-2-2
工作区域			任务日期		
任务	29-31-12-000-802 29-31-12-400-802		工时		
任务描述	对照任务清单按要求进行工具的清点和检查，正确进行备用液压系统压力传感器的拆装与测试，能够正确检查备用液压系统压力传感器				
注意事项	1. 严格遵守操作规程； 2. 注意安全，严禁违规作业				
参考资料	29-09-00-860-802		液压油箱释压		
	29-09-00-860-808		液压油箱释压		
	29-11-00-860-805		液压系统 A 或 B 液压源去除		
	20-10-34-110-801		用稀释剂或溶剂从金属表面上除去喷漆		
	24-22-00-860-811		提供电源		
	29-09-00-860-801		液压油箱增压		
	29-09-00-860-807		液压油箱增压		
	31-31-00-730-801		飞行数据记录器系统——系统测试		
位置区域	主起落架轮舱，机身站位 663.75 到机身站 727.00-左				

类别	名称	数量	单位	工作者	检查者
工具	标准拆装工具	1	套		
	力矩扳手	1	套		
耗材	铬酸盐型压力和 环境密封剂	1	桶		
	溶剂——脂肪石脑油 （用于丙烯酸塑胶）	1	桶		
	化学转化涂层—— 阿罗丁 1200S	1	盒		
	棉揩布——工艺清洗吸 收布（薄纱棉布）	1	卷		
	保险丝	1	盘		

续表

任务实施		工作者	检查者
准备拆卸	1. 断开跳开关并安装安全标签； ★**警告：确保将下位锁销安装到所有起落架和尾撬。在没有下位锁销的情况下，起落架收起且尾撬伸出。这会使人员受伤且损坏设备。** 2. 确保起落架下位锁已安装； 3. 从液压系统 A 和 B 撤除电源，撤除液压系统 A 或 B 动力； 4. 释压系统 A、B 和备用液压油箱，液压油箱释压		
拆卸	1. 将电插头［2］从备用系统压力传感器［1］上拆下； 2. 将液压管［6］从备用系统压力传感器［1］上拆下； 3. 将插头安装在液压管［6］上； 4. 将保险丝［3］从备用系统压力传感器［1］上拆下； 5. 拆卸螺母［5］和垫圈［4］； 6. 拆卸备用系统压力传感器［1］		
准备安装	1. 清洁搭接表面（用稀释剂或溶剂从金属表面上除去喷漆）； 2. 用棉揩布将溶剂涂到搭接表面上； 3. 用清洁棉揩布擦干表面； 4. 手动将化学转化涂层阿罗丁 1200S 涂到支架所有裸露的铝表面		
安装	1. 将备用系统压力传感器［1］安装到支架内； 2. 将垫圈［4］和螺母［5］安装到备用系统压力传感器［1］上； 3. 拧紧螺母［5］，力矩为 144～159 lb · in（16.2～17.9 N · m）； 4. 检查备用系统压力传感器［1］和支架之间的电阻，确保电阻值小于 0.002 5 Ω； 5. 安装保险丝［3］； 6. 将密封剂沿接头边缘涂在接合面之间构成填角密封； 7. 将堵头从液压管［6］上拆下； 8. 将液压管［6］安装到备用系统压力传感器［1］上，拧紧液压管 B 螺母［7］； 9. 将电插头［2］安装到备用系统压力传感器［1］上		

任务实施		工作者	检查者
检查与 测试	1. 拆卸安全标签并闭合跳开关； 2. 提供电源； 3. 液压油箱增压； 4. 液压系统 A 或 B 增压； 5. 检查所有接头有无泄漏； 6. 撤除液压系统 A 或 B 动力； 7. 进行备用液压系统压力传感器的系统测试		
结束工作	清点、检查、维护工具和耗材，清扫和整理现场		

工单标题	机组氧气系统压力传感器 维护与测试		工单编号		3-3-1
工作区域			任务日期		
任务	35-12-21-000-801 35-12-21-400-801		工时		
任务描述	对照任务清单按要求进行工具的清点和检查，正确进行机组氧气系统压力传感器的拆装与测试，能够正确检查机组氧气系统压力传感器				
注意事项	1. 严格遵守操作规程； 2. 注意安全，严禁违规作业				
参考资料	35-00-00-420-801		开放氧气管路上的盖子安装		
	35-00-00-910-801		氧气系统常规维护实施		
	35-12-00-800-801		系统维护或者修理前对机组氧气系统进行引气		
	35-12-11-000-801		调节器/传感器组件拆卸		
	24-22-00-860-811		提供电源		
	24-22-00-860-812		撤除电源		
	35-12-00-800-802		系统维护或者修理后机组氧气系统泄漏测试		
位置区域	前货舱-右				
类别	名称	数量	单位	工作者	检查者
工具	标准拆装工装夹具	1	套		
	无扩口导管（铝制）保护盖 BACC14AG	1	套		
	无扩口导管（铝制）保护堵头 BACP20BG	1	套		
	力矩扳手	1	套		
	扳手	1	套		
耗材	传感器 CEA 001~004、CEA 005~020，CEA 101~999	1	盒		

任务实施		工作者	检查者
准备拆卸	1. 维修前阅读并遵循氧气系统安全预防措施和一般说明，并进行此任务：氧气系统常规维护实施； 2. 系统维护或者修理前对机组氧气系统进行引气； 3. 断开跳开关并且挂上安全标签		
拆卸	1. 进入前货舱以接近机组人员氧气瓶［4］； 2. 确保关闭关断活门［5］，并且未增压机组供氧管； 3. 断开压力传感器［2］上的电插头［1］； **★警告：不得将传感器或者接头作为手柄使用。在传感器正方形凸台和接头六角螺帽上使用扳手。如果不用扳手断开该部件，则会发生损坏。** 4. 用扳手将连接螺帽［6］固定在调节器、转换器和接头组件［3］上； 5. 用扳手拧松压力传感器［2］； 6. 拆卸压力传感器［2］； **★警告：在氧气系统内只能使用氧气清洁部件。如果不使用氧气清洁部件，会发生火灾或爆炸。这会引起设备损坏或者人员伤害。** 7. 如果在 5 min 内不安装该组件，则执行此任务：在开放的氧气管路上安装盖子。 **★注：氧气清洁接头来自一个贴有氧气系统安装标签的密封包裹。确保只使用氧气清洁接头。氧气系统内使用的一些接头与其他系统内不是氧气清洁的接头相同。如需清洁零件，使用相应的氧气程序清洁零件。这也适用于必须与安装接头一样干净的导管盖或者堵头**		
准备安装	维修前阅读并遵循氧气系统安全预防措施和一般说明，并进行此任务：氧气系统常规维护实施		
安装	1. 进入前货舱以接近机组氧气瓶； **★警告：在氧气系统内只能使用氧气清洁部件。如果不使用氧气清洁部件，将会发生火灾或爆炸，引起设备损坏或者人员伤害**		

安装	从机组氧气瓶［4］拆卸保护性导管盖和导管堵头； 　　★**警告：不得将传感器或者接头作为手柄使用。在传感器正方形凸台和接头六角螺帽上使用扳手。如果不用扳手连接该部件，则会发生损坏。** 　　用扳手将连接螺帽［6］固定就位； 　　将压力传感器［2］放置就位在连接螺帽［6］上； 　　拧紧将传感器［2］连接到接头螺帽［6］到170 lb·in（19 N·m）~200 lb·in（23 N·m）； 　　将电插头［1］连接至压力传感器［2］		
检查与测试	1. 系统维护或者修理后进行机组氧气系统泄漏测试； 2. 提供电源； 3. 取下安全标签并闭合跳开关； 4. 确保后顶板上的压力指示器显示压力； 5. 飞机恢复到其常规状态，撤除电源		
结束工作	清点、检查、维护工具和耗材，清扫和整理现场		

工单标题	旅客氧气系统压力传感器维护与测试		工单编号		3-3-2
工作区域			任务日期		
任务	35-21-01-000-801 35-21-01-400-801		工时		
任务描述	对照任务清单按要求进行工具的清点和检查，正确进行旅客氧气系统压力传感器的拆装与测试，能够正确检查旅客氧气系统压力传感器				
注意事项	1. 严格遵守操作规程； 2. 注意安全，严禁违规作业				
参考资料	35-00-00-420-801		安装开放氧气管路上的盖子		
	35-00-00-910-802		安全预防措施		
	20-10-44-400-801		保险丝安装		
	35-21-00-710-809		旅客氧气压力指示测试		
位置区域	右后侧货舱				
类别	名称	数量	单位	工作者	检查者
工具	标准拆装工装夹具	1	套		
	无扩口导管（铝制）保护盖 BACC14AG	1	套		
	无扩口导管（铝制）保护堵头 BACP20BG	1	套		
	力矩扳手	1	套		
耗材	传感器 CEA 009~013	1	盒		
	棉揩布——工艺清洗吸收布（粗纱布）	1	卷		
	氧气系统渗漏检测剂	1	桶		
	保险丝	1	盘		

任务实施		工作者	检查者
准备拆卸	1. 阅读并遵循维修前的安全预防措施和一般说明，执行此任务：安全预防措施； 2. 断开跳开关并安装安全标签		
拆卸	1. 拆卸氧气瓶架前面的维护盖板； ★**警告：拧紧氧气瓶上关断活门的力矩不得超过25 lb·in。否则会导致关断活门损坏。** 2. 缓慢关闭所有氧气瓶［6］上的关断活门［4］； 3. 断开电插头［1］； ★**警告：慢慢拧松接头。剩余氧气会随着一股巨大的能量释放，可能点燃氧气。这会导致人员伤害和飞机损坏。** 4. 缓慢拧松 B 形螺帽［7］使管路内压力降低； 5. 从调节器［5］组件拆卸压力传感器［2］和密封件［3］； ★**警告：在氧气系统内只能使用氧气清洁部件。如果不使用氧气清洁部件，会发生火灾或爆炸。这会引起设备损坏或者人员伤害。** 6. 如果在 5 min 内不安装该组件，则执行此任务：在开放的氧气管路上安装盖子。 ★**注：氧气清洁接头来自一个贴有氧气系统安装标签的密封包裹。确保只使用氧气清洁接头。氧气系统内使用的一些接头与其他系统内不是氧气清洁的接头相同。如需清洁零件，使用相应的氧气程序清洁零件。这也适用于必须与安装接头一样干净的导管盖或者堵头**		
准备安装	阅读并遵循维修前的安全预防措施和一般说明，执行此任务：安全预防措施		
安装	1. 从敞开管路拆卸保护性导管盖或者导管堵头； ★**警告：在氧气系统内只能使用氧气清洁部件。如果不使用氧气清洁部件，会发生火灾或爆炸。这会引起设备损坏或者人员伤害**		

任务实施		工作者	检查者
安装	2. 检查接头螺纹以确保其清洁； ★注：**氧气清洁接头来自一个贴有氧气系统安装标签的密封包裹。确保只使用氧气清洁接头。氧气系统内使用的一些接头与其他系统内不是氧气清洁的接头相同。如需清洁零件，使用相应的氧气程序清洁零件。这也适用于必须与安装接头一样干净的导管盖或者堵头。** 3. 目视检查密封件［3］是否损伤。如果已受损，则需更换密封件［3］； 4. 将密封件［3］安装在压力传感器［2］上； 5. 将压力传感器［2］安装在调节器［5］上； 6. 拧紧 B 形螺帽［7］； ★注：**B 形螺帽［7］的标准力矩是 190.0 lb·in (21.5 N·m)。** 7. 将电插头［1］连接到传感器［2］； ★警告：**缓慢地打开关断活门。剩余氧气会随着一股巨大的能量释放。这会导致人员伤害和飞机或者设备损坏。** 8. 缓慢打开关断活门［4］直到完全打开。关闭关断活门［4］1/4圈。用一根保险丝将活门固定在该位置，执行该任务：保险丝安装		
检查与测试	1. 将检漏剂涂到 B 形螺帽［7］上； 2. 查看气泡以找到所有泄漏处； 3. 检查后立即用一块干净棉揩布清除渗漏检查剂； 4. 确保接头和连接处干燥； 5. 旅客氧气压力指示测试； 6. 将维护盖板安装在氧气瓶架前面； 7. 取下安全标签并闭合该跳开关		
结束工作	清点、检查、维护工具和耗材，清扫和整理现场		

工单标题	发动机 N1 速度传感器维护与测试		工单编号		4-1-1
工作区域			任务日期		
任务	77-11-01-000-801-F00 77-11-01-400-801-F00		工时		
任务描述	对照任务清单按要求进行工具的清点和检查，正确进行发动机 N1 速度传感器的维护与测试，能够正确检查 N1 速度传感器				
注意事项	1. 严格遵守操作规程； 2. 注意安全，严禁违规作业				
参考资料	70-10-02-910-801-F00		发动机部件拆卸和安装期间的常规预防措施		
	71-11-02-010-801-F00		打开风扇整流罩面板		
	71-11-02-410-801-F00		关闭风扇整流罩面板		
	71-00-00-800-811-F00		动力装置测试参考表		
位置区域	发动机 1-发动机				
	发动机 2-发动机				
类别	名称	数量	单位	工作者	检查者
工具	发动机标准工装夹具	1	套		
	耐滑油/燃油容器	1	夸脱		
	0~0.5 in 测隙规	1	套		
	力矩扳手	1	套		
耗材	Scotch Flatback 遮蔽胶带 250	1	盒		
	滑油——发动机（CFMI SB79-001）	1	套		
	油脂——高温石墨	1	盒		
	油脂——凡士林	1	盒		
	棉揩布——工艺清洗吸水布	1	套		
	Permacel P-29 粘胶剂胶带	1	套		
	工业用羊毛脂	1	套		

任务实施		工作者	检查者
准备拆卸	1. 对于 1 号发动机，断开跳开关并安装安全标签； 2. 对于 2 号发动机，断开跳开关并挂上安全标签； 3. 打开风扇整流罩面板		
拆卸	1. 从 N1 传感器插座处断开电插头［7］、电插头［8］和电插头［10］； 2. 将一个 1 quart（1.136 L）防滑油/燃油容器放置在导管下面； ★**警告：应小心拆卸 N1 速度传感器。N1 速度传感器很长且可能发生损坏。** 3. 拆卸两个将传感器安装法兰盘连接到导管法兰的螺栓［12］； 4. 缓慢且小心地将传感器［5］拉出导管，让滑油排放在容器内； 5. 拆卸传感器［5］； 6. 从导管密封槽处拆下并报废封圈［1］； 7. 将一个保护盖安置在探头尖端［2］上； 8. 在导管孔上贴附 Scotch Flatback 遮蔽胶带 250		
准备安装	1. 从探头尖端［2］处拆卸护套； 2. 从导管孔处拆卸胶带； 3. 使用一条 Permacel P-29 胶带，从探头尖端［2］清除所有磁性微粒； 4. 用棉揩布仔细清洁探头尖端［2］的三个传感器探头磁极［13］； 5. 用滑油润滑一个新的封圈［1］； ★**警告：确保封圈正确安装在导管密封槽上。如果未正确安装封圈，发动机运行时可能发生滑油损失并可能损坏发动机。** 6. 在导管密封槽上安装封圈［1］； 7. 用一层薄的羊毛脂润滑阻尼器［4］		
安装	★**警告：小心啮合导管内的 N1 速度传感器，不要过分用力。如果用力过大，会损坏 N1 速度传感器。** 1. 将探头尖端［2］对准导管； 2. 将探头尖端［2］接入导管； 3. 慢慢地将 N1 传感器［5］推至导管下面；		

续表

任务实施		工作者	检查者
安装	4. 小心保持轴向校准，N1 速度传感器 ［5］时，移动要平稳； 5. 当感觉到 N1 速度传感器 ［5］接触到凹槽底部时，停止并不再推动 N1 速度传感器 ［5］； 6. 用油脂——高温石墨润滑两个螺栓 ［12］的螺纹； ★**警告：拧紧一个螺栓，然后以小增量拧紧另一个螺栓，防止传感器探头变形。如有可能，同时使用两个棘轮扳手拧紧螺栓。** 7. 安装两个螺栓 ［12］并拧紧，力矩为 110～120 lb·in（12.5～13.5 N·m）； 8. 将电插头 ［7］、电插头 ［8］和电插头 ［10］连接到可适用的传感器插座上		
检查与测试	1. 在没有安装螺栓 ［12］的情况下，测量传感器安装法兰表面和导管法兰表面之间的间隙 "G"； ★**警告：传感器探头是弹簧加载的，以保持其内端台肩与导管凹槽底部接触。如果未在上述条件下遵循 GAP "G" 的限制，会损坏 N1 速度传感器。** 2. 如果 GAP "G" 间隙不在 0.051～0.169 in（1.30～4.30 mm）的范围内，拆卸 N1 传感器 ［5］； 3. 用 0～0.5 in 测隙规，测量间隙 G 的间隙公差； 4. 查找 N1 速度传感器 ［5］损坏处（传感器探头 ［3］的变形、位置错误，等等）； 5. 如果不能安装带有正确 GAP "G" 间隙的 N1 速度传感器 ［5］，则更换该传感器； 6. 关闭风扇整流罩面板； 7. 对于 1 号发动机，取下安全标签并闭合跳开关； 8. 对于 2 号发动机，取下安全标签并闭合跳开关； 9. 进行动力装置测试参考表所列的测试		
结束工作	清点、检查、维护工具和耗材，清扫和整理现场		

工单标题	发动机 N2 速度传感器维护与测试			工单编号	4-2-1
工作区域				任务日期	
任务	77-11-02-000-801-F00 77-11-02-400-801-F00			工时	
任务描述	对照任务清单按要求进行工具的清点和检查，正确进行 N2 速度传感器的拆装与测试，能够正确检查 N2 速度传感器				
注意事项	1. 严格遵守操作规程； 2. 注意安全，严禁违规作业				
参考资料	70-10-02-910-801-F00			发动机部件拆卸和安装期间的常规预防措施	
	71-11-02-010-801-F00			打开风扇整流罩面板	
	71-11-02-410-801-F00			关闭风扇整流罩面板	
	71-00-00-800-811-F00			动力装置测试参考表	
位置区域	发动机 1-发动机				
	发动机 2-发动机				
类别	名称	数量	单位	工作者	检查者
工具	发动机标准工装夹具	1	套		
	力矩扳手	1	套		
耗材	Scotch Flatback 遮蔽胶带 250	1	盒		
	滑油——发动机（CFMI SB79-001）	1	套		
	油脂——高温石墨	1	盒		
	棉揩布——工艺清洗吸水布（粗棉布、纱布）	1	套		
	Permacel P-29 粘胶剂胶带	1	套		

	任务实施	工作者	检查者
准备拆卸	1. 对于 1 号发动机，断开跳开关并安装安全标签； 2. 对于 2 号发动机，断开跳开关并挂上安全标签； 3. 打开风扇整流罩面板		
拆卸	1. 从传感器插座处断开电插头［9］、电插头［10］和电插头［1］； 2. 拆卸两个将 N2 速度传感器［4］连接到 AGB 凸缘的螺栓［2］； 3. 从 AGB 凹槽处拆卸 N2 速度传感器［4］； 4. 拆下并报废封圈［5］； 5. 将一个保护盖安置在探头尖端［6］上； 6. 在 AGB 孔上贴附 Scotch Flatback 遮蔽胶带 250		
准备安装	1. 从探头尖端［6］处拆卸护套； 2. 从 AGB 孔处拆卸胶带； 3. 使用一条 Permacel P−29 胶带，从探头尖端［6］清除所有磁性微粒； 4. 用棉揩布仔细清洁三个传感器探头磁极［11］； 5. 用滑油润滑一个新封圈［5］； ★警告：确保封圈正确安装在传感器密封槽上。如果未正确安装封圈，发动机运行时可能发生滑油损失并可能损坏发动机。 6. 在传感器密封槽上安装封圈［5］		
安装	1. 小心地将 N2 传感器［4］放入 AGB 孔； 2. 用滑油润滑两个螺栓［2］的螺纹； ★警告：拧紧一个螺栓，然后逐步拧紧另一个螺栓，防止 N2 速度传感器变形。如有可能，同时使用两个扳手拧紧螺栓。 3. 安装两个螺栓［2］。拧紧螺栓［2］，力矩为 98~110 lb·in（11-12.5 N·m）； 4. 将电插头［9］、电插头［10］和电插头［1］连接到可适用的传感器插座上		
检查与测试	1. 关闭风扇整流罩面板； 2. 对于 1 号发动机，拆卸安全标签并闭合跳开关； 3. 对于 2 号发动机，取下安全标签并闭合跳开关； 4. 执行动力装置测试参考表内所列的测试		
结束工作	清点、检查、维护工具和耗材，清扫和整理现场		

工单标题	防滑机轮速度传感器维护与测试		工单编号	4-3-1
工作区域			任务日期	
任务	32-42-11-000-801 32-42-11-400-801		工时	
任务描述	对照任务清单按要求进行工具的清点和检查,正确进行防滑机轮速度传感器的拆装与测试,能够正确检查防滑机轮速度传感器是否正常工作			
注意事项	1. 严格遵守操作规程; 2. 注意安全,严禁违规作业			
参考资料	32-00-01-480-801		起落架下位锁销安装	
	32-42-00-710-802		转换器操作测试	
	SWPM 20-60-03		电插头的特别保护	
位置区域	左侧驾驶舱			
	右侧驾驶舱			
	左主起落架			
	右主起落架			

类别	名称	数量	单位	工作者	检查者
工具	装置——工具 SPL-1873	1	套		
	主起落架防滑转换器固定螺帽 C32021-1	1	盒		
	力矩扳手	1	套		

类别	名称	数量	单位	工作者	检查者
耗材	直径 0.032 in (0.8121 mm)的不锈 MS20995C32 保险丝	1	盘		
	化合物——防腐剂,内部涂敷 D-5026NS 或 ZC-026	1	盒		

任务实施		工作者	检查者
准备拆卸	★警告：将下位锁销安装到所有起落架。在无下位锁销的情况下，起落架会收缩并造成人员伤害和设备损坏。 1. 如下位锁销未安装在前起落架和主起落架内，执行此任务：起落架下位锁销安装； 2. 断开跳开关并挂上安全标签		
拆卸	1. 拆卸毂盖［3］； 2. 对于一个外侧机轮，将8个凸轮位置［4］紧固件转动1/4圈以从毂盖［3］拆除外侧毂盖整流罩［5］； 3. 拆卸三个螺栓［6］和垫圈［7］以从机轮［1］断开毂盖［3］； 4. 从机轮［1］拆卸毂盖［3］； 5. 拆卸将支架［11］固定到轴的两个螺帽［8］、垫圈［9］和螺栓［10］； 6. 拆卸传感器［14］； ★注：用锁紧螺帽［13］将转换器固定在支架的内部。 7. 从带锁紧螺帽装置SPL-1873的支架［11］拆卸锁紧螺帽［13］； 8. 从轴拆卸转换器［14］； 9. 从传感器［14］断开电插头［12］		
准备安装	如支架［11］不在轴内，则将支撑安装入轴内，将支架背部的槽对准轴内调整片		
任务实施		工作者	检查者
安装	1. 将电插头［12］连接到传感器［14］后，检查插头有无腐蚀； ★警告：如果飞机操作使用包含甲酸钾或乙酸钾的除冰液，则执行下列步骤。同样，对主轮舱电插头内发现腐蚀的飞机执行下列步骤。电插头在安全飞行必需的系统内		

续表

任务实施	工作者	检查者
安装 2. 如有腐蚀，则参见（SWPM 20-60-03）来纠正问题； 3. 将 D-5026NS 或 ZC-026 化合物涂到插头上； 4. 将电插头［12］连接到传感器［14］后部； ★**警告：当在轴内安装传感器时不得拉或者扭转线束。可能损坏导线和防滑传感器。** 5. 将传感器［14］安装在轴内。将传感器［14］安装在组件内，转换器后面垂片对准支架［11］内槽； 6. 安装锁紧螺帽［13］。将锁紧螺帽［13］安装在支架上。用锁紧螺帽装置 SPL-1873 拧紧锁紧螺帽［13］，力矩为 40~60 lb·ft（54~81 N·m）。拧松锁紧螺帽［13］到力矩为 0 lb·ft。拧紧锁紧螺帽［13］，力矩为 30 lb·ft（41 N·m）。将 MS20995C32 保险丝安装在锁紧螺帽［13］和支架［11］的保险丝孔之间		
检查与测试 1. 取下安全标签并闭合跳开关； 2. 转换器操作测试； 3. 安装螺栓［10］：将支架［11］锁到机轮［1］。安装螺栓［10］，使螺栓头向着轮轴内侧。安装垫圈［9］和螺帽［8］； 4. 安装毂罩［3］：转动机轮［1］内部的传感器驱动接头，以便安装轮毂盖后，毂盖［3］上的驱动器和机轮上的卡爪连接。将轮盖［3］放在它在机轮［1］的位置上，并且如有必要，转动它以使其啮合轮毂盖上的驱动器与传感器［14］上的驱动接头。安装螺栓［6］和垫圈［7］以将毂盖［3］连接到机轮［1］。将 MS20995C32 保险丝安装在螺栓［6］上； 5. 对外侧机轮进行下列操作。将毂盖整流罩［5］置于毂盖［3］上。转动凸轮位置［4］1/4 圈以将毂盖整流罩［5］连接到毂盖［3］		
结束工作 清点、检查、维护工具和耗材，清扫和整理现场		

工单标题	液压油量传感器维护与测试		工单编号	5-1-1
工作区域			任务日期	
任务	29-33-12-000-801		工时	
任务描述	对照任务清单按要求进行工具的清点和检查，正确进行液压油量传感器的拆装与测试，会检查液压油量传感器是否正常工作			
注意事项	1. 严格遵守操作规程； 2. 注意安全，严禁违规作业			
参考资料	29-09-00-860-802		液压油箱释压	
	29-09-00-860-808		液压油箱释压	
	29-11-00-860-805		液压系统 A 或 B 液压源去除	
	29-21-00-000-802		备用液压系统动力解除	
位置区域	主起落架轮舱，机身站位 663.75 到机身站位 727.00-左			
	主起落架轮舱，机身站位 663.75 到机身站位 727.00-右			

类别	名称	数量	单位	工作者	检查者
工具	发动机标准工装夹具	1	套		
	耐滑油/燃油容器	1	夸脱		
	抗液压油容器	50	加仑		
	力矩扳手	1	套		
耗材	封圈	1	盒		
	棉揩布-工艺清洗吸水布	1	套		
	Permacel P-29 粘胶剂胶带	1	套		
	工业用羊毛脂	1	套		

任务实施		工作者	检查者
准备拆卸	1. 从适用的液压系统断开液压源，撤除液压系统 A 或 B 动力； 2. 如已撤除液压系统 B 油量传感器/指示器，备用液压系统动力解除		

	任务实施	工作者	检查者
拆卸	1. 释放适用液压油箱里的压力。为将其释放，液压油箱释压； ★**警告：严禁关闭排放活门直到更换传感器。如果关闭排放活门，则液压油会积聚在油箱内，当拆卸传感器时，就会接触到人员和设备。这会造成人员伤害或设备损坏。** 2. 打开排放活门； ★**警告：严禁关闭排放活门直到更换传感器 [1]。** 3. 将适用系统油箱中的液压油排入50加仑（190 L）的抗液压油容器 STD-3901 中； 4. 断开电气系统面板跳开关并且挂上安全标签； 5. 脱开电插头 [2]； 6. 在电插头 [2] 上安装保护盖； 7. 拆卸安装螺栓 [3]、垫圈 [4]（螺栓头下面）、垫圈 [6]（螺帽下面）和螺帽 [7]； ★**警告：确保传感器浮子不会接触到内侧竖管。如传感器浮子接触到内部竖管，会损坏传感器。** 8. 从油箱开口小心地卸下油量传感器 [1]； 9. 拆除封圈 [5]，报废封圈 [5]		
装备安装	1. 确保油箱法兰和油量传感器 [1] 上的装配面洁净无刻痕； 2. 将新的封圈 [5] 安装在油量传感器 [1] 的法兰上		
安装	★**警告：确保传感器浮子不会接触到内侧竖管。如传感器浮子接触到内部竖管，则会损坏传感器。** 1. 小心地在油箱开口里安装传感器 [1] 的浮子； 2. 将传感器 [1] 置于其安装位置； 3. 拆卸电插头上的保护盖； 4. 安装螺栓 [3]、垫圈 [4]（螺栓头下侧）、垫圈 [6]（螺帽下侧）和螺帽 [7]； 5. 安装电插头 [2]； 6. 关闭油箱排放活门； 7. 安装保险丝		

续表

任务实施		工作者	检查者
检查与 测试	1. 提供电源； 2. 取下安全标签并闭合机长电气系统面板、F/O 电气系统面板跳开关； 3. 确保驾驶舱内和油箱上的指示器显示零； 4. 进行液压油箱勤务； 5. 进行液压油箱增压； 6. 检查接头是否渗漏； 7. 当油箱传感器［1］上的指示器调节到 F（满）位置时，确保驾驶舱内发动机显示器上的油量指示显示 100（1±9%）； 8. 撤除电源		
结束工作	清点、检查、维护工具和耗材，清扫和整理现场		

工单标题	燃油流量传感器维护与测试		工单编号		5-2-1
工作区域			任务日期		
任务	73-31-01-000-801-F00		工时		
任务描述	对照任务清单按要求进行工具的清点和检查，正确进行液压油量传感器的拆装与测试，能够正确检查燃油流量传感器				
注意事项	1. 严格遵守操作规程； 2. 注意安全，严禁违规作业				
参考资料	24-22-00-860-811		接通电源		
	24-22-00-860-812		断掉电源		
	71-11-02-010-801-F00		打开风扇整流罩面板		
	71-00-00-800-811-F00		动力装置测试参考表		
	71-11-02-410-801-F00		关闭风扇整流罩面板		
位置区域	发动机1-发动机				
	发动机2-发动机				
类别	名称	数量	单位	工作者	检查者
工具	发动机标准工装夹具	1	套		
	耐油容器	5	加仑		
	力矩扳手	1	套		
	流量计	1	套		
耗材	封圈	2	套		
	滑油——燃油系统防腐剂：D00623（CP5066）	1	盒		
	直径0.032 in（0.8 mm）的保险丝	1	卷		
	棉揩布——工业清洗吸水布	1	套		
	不锈钢安全钢索，直径0.8 mm	1	卷		
	油脂——高温石墨：D00601（CP2101）	1	盒		

任务实施		工作者	检查者
准备拆卸	1. 隔绝燃油流量传感器（FFT）； 2. 打开风扇整流罩面板； 3. 排放系统中的燃油		
拆卸	1. 从 FFT 插座［5］上拔下电插头［6］，将防护盖放在插头和 FFT［4］的插座上； 2. 拆卸螺栓［15］以从支架［11］上拆开环形卡箍［16］； 3. 拆卸固定在燃油进口管［14］和支架［2］、FFT［4］的 4 个螺栓［1］； 4. 拉动燃油进口管［14］使之远离 FFT［4］； 5. 在燃油进口管［14］端部放置防护盖； 6. 拆卸固定在支架［2］和风扇机匣支架［12］的三个螺栓［3］、垫圈（17），拆卸支架［2］； 7. 拆卸固定在燃油出口管［9］和支架［10］、FFT［4］的 4 个螺栓［8］； 8. 从燃油出口管［9］上拆卸 FFT［4］； 9. 从燃油管端部拆卸预制封圈［7］和预制封圈［13］，报废预制封圈［7］和预制封圈［13］； 10. 将防护盖放在燃油出口管［9］的端部和 FFT 上		
准备安装	1. 用滑油 CP5066 润滑新预制封圈［7］和预制封圈［13］； ★警告：不要让滑油留在皮肤上。在通风良好的区域内使用滑油。滑油是有毒的，并可被皮肤吸收。滑油蒸气会刺激呼吸道。 2. 将油脂 CP2101 抹在螺栓［1］、螺栓［3］、螺栓［8］和螺栓［15］的螺纹上		
安装	1. 用两个螺栓［3］和垫圈［17］在风扇机匣支架［12］上松弛地安装支架［2］； ★警告：确保对准支架，不要拧紧螺栓。 2. 从燃油出口管［9］上拆卸防护盖； 3. 在燃油出口管［9］端部安装预制封圈［7］； 4. 从 FFT［4］上拆卸防护盖； 5. 将 FFT［4］放置就位； 6. 从燃油进口管［14］上拆卸防护盖；		

任务实施	工作者	检查者
安装　7. 在燃油进口管［14］端部上安装新的预制封圈［13］； 8. 确保支架［2］正确对准 FFT［4］和燃油进口管［14］，确保 FFT［4］前部正确啮合燃油进口管［14］； 9. 将燃油进口管［14］放置就位在 FFT［4］上； 10. 安装将 FFT［4］连接到燃油进口管［14］和支架［2］上的 4 个螺栓［1］； 11. 拧紧将支架［2］固定到风扇机匣支架［11］的螺栓［3］，力矩为 98～110 lb·in（11～12.5 N·m）； 12. 安装螺栓［15］以将环形卡箍［16］连接到支架［11］； 13. 从电插头和 FFT［4］的插座上拆卸防护盖； 14. 将电插头［6］连接到 FFT 插座［5］		
检查与测试　1. 关闭风扇整流罩面板； 2. 接通电源，从 P5-13 面板上 BAT 电门上拆下 DO-NOT-OPERATE 标签； 3. 进行动力装置测试参考表所列的测试		
结束工作　清点、检查、维护工具和耗材，清扫和整理现场		

工单标题	滑油油量传感器维护与测试		工单编号	5-3-1
工作区域			任务日期	
任务	79-31-01-000-801-F00 79-31-01-400-801-F00		工时	
任务描述	对照任务清单按要求进行工具的清点和检查，正确进行滑油油量传感器的拆装与测试，能够正确检查滑油油量传感器			
注意事项	1. 严格遵守操作规程； 2. 注意安全，严禁违规作业			
参考资料	12-13-11-600-801	补充发动机滑油		
	71-11-02-010-801-F00	打开风扇整流罩面板		
	71-00-00-800-811-F00	动力装置测试参考表		
	71-11-02-410-801-F00	关闭风扇整流罩面板		
	70-30-01-910-802-F00	密封件（预成型封圈和O形圈）和密封垫		
	70-10-02-910-801-F00	发动机部件拆卸和安装期间的常规预防措施		
位置区域	发动机1-发动机 发动机2-发动机			

类别	名称	数量	单位	工作者	检查者
工具	酒精	1	盒		
	发动机标准工装夹具	1	套		
	滑油——发动机 （CFMI SB 79-001）	1	件		
	油脂——高温石墨	1	套		
	虎口钳	1	件		
	棉揩布——工艺清洗布（粗棉布，纱布）	1	盒		
耗材	传送器	1	盒		
	封圈	1	盒		

任务实施		工作者	检查者
准备拆卸	1. 对于 1、2 号发动机，断开跳开关并安装安全标签； 2. 打开风扇整流罩面板		
拆卸	★警告：如发动机是热的，则不得触摸滑油系统部件。这些部件仍比其他部件热，热部件会烫伤人体。 ★警告：压力为零时再打开滑油系统。发动机关闭后大约 5 min 压力为零。增压的发动机会喷射热滑油造成烫伤。 ★警告：不得让热滑油触及人体。戴上护目镜和其他防护设备或冷却发动机。热滑油会烫伤人体。 ★警告：不允许热滑油接触到发动机或者其他部件。若有接触，应立即清洗滑油滴落在上面的部件，否则滑油会损坏油漆和橡胶。 1. 从传感器插座上断开电插头 [6]； 2. 拆卸 4 个螺栓 [2] 和垫圈 [3]； 3. 从滑油箱凹处拆卸传感器 [4]； 4. 将一保护盖放在滑油箱凹处密封件（预制封圈和 O 形圈）和密封垫上； 5. 从传感器 [4] 上拆下并报废封圈 [5]		
准备安装	1. 目视检查滑油量传感器底部确保看到浮子； ★注：如果安装前传感器底部没有浮标，则在驾驶舱内会出现错误指示（总是完整的）。 2. 用酒精和棉布清洁传感仪法兰和滑油箱法兰； 3. 确保传感仪配合面清洁并处于正常状态发动机部件拆装期间的正常防护； 4. 从滑油箱凹处拆卸保护盖密封件（预成型封圈和 O 形圈）和密封垫		
安装	1. 润滑新封圈 [5]； 2. 润滑 4 个螺栓 [2] 的螺纹； 3. 在传感器槽内安装封圈 [5]； 4. 将传感器 [4] 放在滑油箱凹处； 5. 安装 4 个螺栓 [2] 和垫圈 [3] 将传感器 [4] 连接到滑油箱盖板上； 6. 将电插头 [6] 连接到传感器插座上； 7. 将飞机恢复到其常规状态		
检查与测试	1. 确保驾驶舱显示器上的滑油量指示为满； 2. 做动力装置测试参考表所列的测试		
结束工作	清点、检查、维护工具和耗材，清扫和整理现场		

工单标题	发动机 1 号轴承振动传感器维护与测试		工单编号		6-1-1
工作区域			任务日期		
任务	77-31-05-040-801-F00		工时		
任务描述	对照任务清单按要求进行工具的清点和检查，正确对 1 号轴承振动传感器进行解除与激活				
注意事项	1. 严格遵守操作规程； 2. 注意安全，严禁违规作业				
参考资料	77-31-00-710-801-F00		AVM 系统操作测试		
位置区域	前货舱-左				
	前货舱-右				

类别	名称	数量	单位	工作者	检查者
工具	标准工装夹具	1	套		
	数字式万用表	1	件		
	力矩扳手	1	套		

任务实施		工作者	检查者
准备激活	1. 断开 F/O 电气系统面板跳开关，并安装安全标签； 2. 打开前货舱门维护盖板； 3. 在前货舱中拆卸前隔框货舱衬板		
解除与激活	1. 在 E3-2 电子设备架的后面找到 AE0302A 支架； 2. 从 AE0302A 支架处断开 D40594P 电插头； **★警告：将 D40594P 电插头安装到位置 16 处的 AE0302A 支架。** 3. 从 D40594P 电插头处拆卸 A3、B3 和 A4 插脚（两根 NOB 传感器导线和护罩）； 4. 盖上并收起导线束； 5. 将 D40594P 电插头连接到 AE0302A 支架； 6. 在前货舱中安装前隔框货舱衬板； 7. 在前货舱中拆卸前隔框货舱衬板； 8. 在 E3-2 电子设备架的后面找到 AE0302A 支架；		

续表

任务实施		工作者	检查者
解除与激活	9. 从 AE0302A 支架处断开 D43080P 电插头； **★警告：将 D43080P 电插头安装到 AE0302A 支架 54 处。** 10. 从 D43080P 电插头处拆卸 B8、B9 和 B10 插脚（两根 NOB 传感器导线和护罩）； 11. 盖上并收起导线束； 12. 将 D43080P 电插头连接到 AE0302A 支架； 13. 在前货舱中安装前隔框货舱衬板； 14. 拆卸安全标签并闭合 F/O 电气系统面板（P6-2）跳开关； 15. 关闭前货舱门维护盖板； 16. 进行 AVM 系统操作测试任务		
结束工作	清点、检查、维护工具和耗材，清扫和整理现场		

工单标题	FFCC 振动传感器维护与测试		工单编号	6-2-1
工作区域			任务日期	
任务	77-31-04-000-801-F00		工时	
任务描述	对照任务清单按要求进行工具的清点和检查，正确进行 FFCC 振动传感器的拆装与测试，能够正确地检查 FFCC 振动传感器			
注意事项	1. 严格遵守操作规程； 2. 注意安全，严禁违规作业			
参考资料	70-10-02-910-801-F00		发动机部件拆卸和安装期间常规预防措施	
	78-31-00-010-801-F00		打开反推装置（选择）	
	71-00-00-800-811-F00		动力装置测试参考表	
	78-31-00-010-804-F00		关闭反推装置（选择）	
位置区域	发动机 1-发动机			
	发动机 2-发动机			

类别	名称	数量	单位	工作者	检查者
工具	标准工装夹具	1	套		
	数字式万用表	1	件		
	力矩扳手	1	套		
耗材	油脂——高温石墨	1	盒		
	棉揩布——工艺清洗布（粗棉布、纱布）	1	套		
	酒精	1	盒		
	传感器	2	件		

任务实施		工作者	检查者
准备拆卸	1. 在 1 号发动机上断开机长电气系统面板（P18-2）跳开关并安装安全标签； 2. 在 2 号发动机上断开 F/O 电气系统面板（P6-2）跳开关并安装安全标签；		

任务实施		工作者	检查者
准备拆卸	★警告：打开反推装置之前，按正确的顺序做这些指定任务：收起前缘、解除前缘和反推装置（用于地面维护），并打开风扇整流罩面板。如果不遵照以上顺序，可能发生人员伤害和设备损坏。 3. 对于右反推装置，打开反推装置（选择）		
拆卸	1. 从 FFCC 振动传感器插座处断开电插头［3］； 2. 拆卸两个螺栓［1］，从风扇框背面处脱开 FFCC 振动传感器［2］； 3. 拆卸 FFCC 振动传感器［2］； 4. 将防护口盖安装在 FFCC 振动传感器插座和电插头［3］上		
准备安装	1. 从 FFCC 振动传感器插座和电插头［3］处拆卸护套； 2. 用酒精和棉揩布清洁 FFCC 振动传感器［2］上的法兰和风扇框； 3. 确保所有 FFCC 振动传感器［2］和风扇框法兰清洁并状况良好		
安装	1. 用油脂润滑两个螺栓［1］的螺纹； 2. 将 FFCC 振动传感器［2］放在适当位置； 3. 安装两个螺栓［1］，从而将 FFCC 振动传感器［2］连接到风扇框的背面； 4. 拧紧螺栓［1］，力矩为 98～110 lb·in（11～12.5 N·m）； 5. 将电插头［3］连接到 FFCC 振动传感器插座上； 6. 关闭反推装置（选择）； ★警告：遵循程序内的指令关闭反推装置。如不遵照该说明书，则会造成人员伤害和设备损坏。		
检查与测试	1. 在 1 号发动机上拆卸安全标签并闭合机长电气系统面板（P18-2）跳开关； 2. 对于 2 号发动机，取下安全标签并闭合 F/O 电气系统面板（P6-2）跳开关； 3. 执行动力装置测试参考表所列的测试		
结束工作	清点、检查、维护工具和耗材，清扫和整理现场		

工单标题	AVM 信号调节器维护与测试		工单编号	6-3-1
工作区域			任务日期	
任务	77-31-03-400-801-F00		工时	
任务描述	对照任务清单按要求进行工具的清点和检查，正确地进行 AVM 信号调节器的拆装与测试，能够正确地检查 AVM 信号调节器			
注意事项	1. 严格遵守操作规程； 2. 注意安全，严禁违规作业			
参考资料	20-10-07-400-801		E/E 盒安装	
	20-40-12-400-802		金属包装组件安装的 ESDS 处理	
	71-00-00-750-803-F00		测试 14B-风扇配平	
	77-31-00-970-803-F00		AVM 系统测试	
	77-31-00-970-805-F00		用 GSS 下载高级 AVM（AAVM）方位数据	
位置区域	电气和电子设备舱-左侧			
	电气和电子设备舱-右侧			
	左侧驾驶舱			
	右侧驾驶舱			

类别	名称	数量	单位	工作者	检查者
工具	标准工装夹具	1	套		
	数字式万用表	1	件		
	力矩扳手	1	套		
耗材	油脂——高温石墨	1	盒		
	棉揩布——工艺清洗布（粗棉布、纱布）	1	套		
	酒精	1	盒		
	调节器	1	件		

任务实施		工作者	检查者
准备拆卸	1. 断开 F/O 电气系统面板（P6-2）跳开关并安装安全标签； 2. 打开电子设备接近维护盖板		
拆卸	★警告：在执行有关静电放电敏感设备的程序之前，不要试图拆卸 AVM 信号调节器，静电放电会损坏 AVM 信号调节器。 1. 接触 AVM 信号调节器 [1] 之前，金属包装组件拆卸的 ESDS 处理； 2. 为拆卸 AVM 信号调节器 [1]，执行该任务：E/E 盒拆卸		
准备安装	接触 AVM 信号调节器 [1] 之前，金属包装组件安装的 ESDS 处理。 ★警告：在对静电放电敏感装置进行放电程序之前不得触摸 AVM 信号调节器。静电放电会损坏 AVM 信号调节器		
安装	1. 安装 AVM 信号调节器 [1]，E/E 盒安装； 2. 确保 P2 上的两个 VIB 指示器显示 0±0.25 单位。 ★警告：如果跳开关闭合，P2 的两个 VIB 指示器显示 0。如果跳开关断开，P2 的两个 VIB 指示器无显示。如果跳开关闭合且 P2 上的两个 VIB 指示器不显示，那么对发动 VIB 指示空白处进行故障隔离（FIM77-05 任务 805）		
检查与测试	1. 按压后再释放 AVM 信号调节器 [1] 前方显示器上的 4 个按钮之一； 2. AVM 信号调节器 [1] 会显示 Self Test； 3. 在 AVM 信号调节器 [1] 前方显示器上按压后再释放 YES 按钮； 4. AVM 信号调节器 [1] 将显示硬件和软件版本及发动机类型 10 s，然后显示 Test 进程约 2 s； 5. 确保 AVM 信号调节器 [1] 显示测试 OK； 6. 如果 AVM 信号调节器 [1] 显示 XX Faults? 或空白，说明该调节器有故障		

任务实施	工作者	检查者
检查与测试	7. 执行 BITE 维护信息和飞行历史记录菜单上的步骤： ①清除 BITE 维护信息； ②清除飞行记录。 8. 执行配平平衡菜单上的步骤： ①确保发动机配重符合 AVM 数据； ②如果执行一个机载风扇配平平衡操作，当该 AVM 组件已安装在飞机上时，确保记下飞行数据。 9. 关闭电子设备维护盖板		
结束工作	清点、检查、维护工具和耗材，清扫和整理现场		

工单标题	迎角传感器维护与测试			工单编号	7-1-1
工作区域				任务日期	
任务	34-21-05-000-801 34-21-05-400-801			工时	
任务描述	对照任务清单按要求进行工具的清点和检查，正确进行迎角传感器的拆装与测试，能够正确检查迎角传感器				
注意事项	1. 严格遵守操作规程； 2. 注意安全，严禁违规作业				
参考资料	COM-2481		经核准的密封剂拆卸工具		
	20-10-34-110-802		用溶剂清洁裸露的金属包层或者电镀金属		
	22-11-00-740-806		BITE 库测试		
	24-22-00-860-811		供电		
	27-32-42-400-801		SMYD 安装		
	30-31-00-730-801		空速管探头、AOA 传感器和 TAT 探头加热器测试		
	34-21-03-400-801		IRS 模式选择组件安装		
位置区域	前起落架轮舱-左侧				
	前起落架轮舱-右侧				
类别	名称	数量	单位	工作者	检查者
工具	标准工装夹具	1	套		
	搭接表	1	件		
	力矩扳手	1	件		
	ROSEMOUNT AOA 的迎角传感器测试装置	1	套		
耗材	密封剂——压力和环境——铬酸盐型	1	盒		
	棉揩布——工艺清洗布（粗棉布、纱布）	1	套		
	轴承滑脂	1	盒		

任务实施		工作者	检查者
准备拆卸	1. 对于左 AOA 传感器［1］，断开机长电气系统面板（P18-2、P18-3）跳开关并安装安全标签； 2. 对于右 AOA 传感器［1］，断开机长电气系统面板（P6-1、P18-3）跳开关并安装安全标签； 3. 用密封剂去除工具 COM-2481 去除 AOA 传感器［1］周边的密封剂		
拆卸	1. 从 AOA 传感器［1］上拆卸螺钉［2］； ★警告：确保 AOA 传感器取消关断，否则可能会伤及人体。 ★警告：不得过度用力将 AOA 传感器拉离机身。在 AOA 传感器上过分用力会损坏 AOA 传感器、电气插头［1］或飞机蒙皮。 2. 小心地推出 AOA 传感器［1］直到可以接触电插头［5］； 3. 从 AOA 传感器［1］上断开电插头［5］； 4. 暂时连接电插头［5］以确保它们不掉落到机身内； 5. 在电插头［5］上安装保护帽； 6. 拆卸密封垫［4］并报废密封垫［4］		
准备安装	1. 对于左 AOA 传感器［1］，确保机长电气系统面板（P18-2、P18-3）跳开关断开； 2. 对于右 AOA 传感器［1］，确保机长电气系统面板（P6-1、P18-3）跳开关断开； 3. 为清洁 AOA 孔周围的表面和调节销钉表面，进行该任务：用溶剂清洁裸露的金属包层或者电镀金属		
安装	1. 将一薄层滑脂涂到 AOA 传感器［1］上的校正销上； 2. 将新密封垫［4］放置在 AOA 传感器［1］上的适当位置； 3. 从电插头［5］拆卸保护盖； 4. 检查电插头［5］有无松动、弯曲或断裂的销钉； 5. 将电插头［5］连接到 AOA 传感器［1］上； 6. 小心地将 AOA 传感器［1］放置就位； 7. 安装将 AOA 传感器［1］固定到飞机的螺钉［2］上； 8. 拧紧螺钉［2］，力矩为 32～39 lb·in（3.6～4.4 N·m）； 9. 确保 AOA 传感器［1］的表面在 0.04 in(1.02 mm)或更小的误差范围内，对准飞机蒙皮		

任务实施	工作者	检查者
安装 ★注：传感器底座表面必须与前、后缘±0.040以内的蒙皮表面齐平，上、下缘不需要齐平。 10. 用搭接表测量 AOA 传感器［1］底座和飞机蒙皮之间的电阻； 11. 确保电阻低于 0.010 Ω； 12. 将密封胶涂在 AOA 传感器［1］的周围； ★注：如果固化时间造成飞行延误，无须立即涂敷密封剂。但是为了防止飞机受潮，一旦营运人方便时就马上涂敷密封剂		
检查与测试 1. 供电； 2. 确保 IRU 可使用； 3. 确保 FMC 可使用并输入良好的重力数据； 4. 确保 SMYD 可使用； 5. 打开电子设备维护盖板； 6. 对于左 AOA 传感器［1］，确保机长电气系统面板（P18-2、P18-3）跳开关断开； 7. 对于右 AOA 传感器［1］，确保机长电气系统面板（P6-1、P18-3）跳开关断开； ★警告：确保断开上述加热器跳开关，并且在安装工具之前关闭 AOA 传感器加热。如果闭合加热器跳开关，可能造成人员伤害。 8. 在更换的 AOA 传感器上安装迎角探头试验型工装； 9. 按压 SMYD 上的 ON/OFF 电门以运行 BITE 显示器； ★注：如要更换左侧 AOA 传感器，使用 SMYD 1 进行该测试。如要更换右侧 AOA 传感器，使用 SMYD 。 10. 按压 SMYD 上的 NO 直到看见 GROUND TEST； 11. 按压 SMYD 上的 NO 直到看见 ANALOG INPUTS； 12. 按压 SMYD 上的 NO 直到看见 AOA SENSOR； 13. 测试到 SMYD 的 AOA 传感器输入； 14. 按压 SMYD 上的 ON/OFF 电门； 15. 闭合电子设备维护盖板； 16. 从 AOA 传感器拆卸迎角探头测试工装； 17. 空速管探头，AOA 传感器和 TAT 探头加热器测试； 18. 安装测试； 19. 将飞机恢复到其常规状态		
结束工作	清点、检查、维护工具和耗材，清扫和整理现场		

工单标题	升降舵中立位移传感器 维护与测试		工单编号	7-2-1
工作区域			任务日期	
任务	22-11-14-820-801 22-11-14-710-801		工时	
任务描述	对照任务清单按要求进行工具的清点和检查，正确进行升降舵中立位移传感器的拆装与测试，能够正确检查升降舵中立位移传感器			
注意事项	1. 严格遵守操作规程； 2. 注意安全，严禁违规作业			
参考资料	22-11-14-710-801		升降舵中立位移传感器测试	
	22-11-14-820-801		升降舵中立位移传感器调节	
	20-10-44-000-801		保险丝的拆卸	
	20-10-44-400-801		保险丝的安装	
	24-22-00-860-811		供电	
	24-22-00-860-812		断掉电源	
	29-11-00-860-801		液压系统 A 或者 B 加压	
	29-11-00-860-805		液压系统 A 或者 B 撤除电源	
位置区域	承压隔框后方的区域-左			
	尾舱-左			
	尾舱-右			

类别	名称	数量	单位	工作者	检查者
工具	标准工装夹具	1	套		
	组件——卡尺棒、安定面配平作动筒	1	套		
	测隙规，0~0.5 in	1	套		
	扭力扳手	1	件		
耗材	棉揩布——艺术布（粗棉布、纱布）	1	套		
	保险丝	1	卷		

任务实施		工作者	检查者
准备拆卸	1. 断开机长电气系统面板（P18-1）、副驾驶电气系统面板（P6-2）跳开关并挂上安全标签； 2. 打开尾锥检查口盖		
拆卸	1. 断开电插头［4］； 2. 拆卸曲柄［10］内的螺栓［7］、垫圈［8］和螺用［9］； 3. 拧松支架内的螺栓［1］； ★注：**不必拆卸螺栓［1］、垫圈［2］和螺母［3］。** 4. 拆卸升降舵中立位移传感器［5］		
准备安装	1. 确保机长电气系统面板（P18-1）、副驾驶电气系统面板（P6-2）跳开关断开，并且有安全标签； 2. 打开尾锥检查口盖； 3. 旋转控制台上的安定面配平机轮手柄将安定面设定到11.6单位		
安装	1. 将传感器壳体上的基准标志对准传感器轴端部上的基准标志； 2. 确保杆上的手轮不靠近它行程的任一端位置； 3. 将升降舵中立位移传感器［5］放在支架和曲柄［10］内，零基准标记对准曲柄［10］内的开口槽； 4. 将螺栓［7］、垫圈［8］和螺母［9］安装在曲柄［10］上并拧紧到 35 lb·in； 5. 拧紧支架上的螺栓［1］到 35 lb·in； 6. 连接电插头［4］； 7. 去掉安全标签并闭合机长电气系统面板（P18-1）、副驾驶电气系统面板（P6-2）跳开关		
检查与测试	1. 供电； 2. 断开副驾驶电气系统面板（P6-3）开关和安装安全标签； 3. 去掉安全标签并闭合机长电气系统面板（P18-1）、副驾驶电气系统面板（P6-2）跳开关； 4. 打开尾锥检查口盖； 5. 要接近安定面配平起重螺杆，则打开安定面配平检查口盖；		

任务实施	工作者	检查者
6. 在安定面配平蜗杆上的上部和下部万向接头销中心之间测得尺寸 *B*，要求一人戴上耳机到飞机尾部，而另一人在驾驶舱内，设定 *B* 尺寸；		
7. 将控制台的自动驾驶仪安定面配平关断电门设到 CUTOUT 位置；		
8. 确保 P5 前顶板 VHF NAV 和 IRS 电门在 NORMAL 位置；		
9. 将 P5 后顶板的左右 IRS 选择电门设定到 ALIGN 或者 NAV 位置；		
★警告：确保提供液压前所有人员和设备远离所有操纵面。接通液压源时，副翼、方向舵、升降舵、襟翼、扰流板、起落架和反推力装置会迅速移动。这会造成人员伤害或设备损坏。		
10. 向液压系统 A 和 B 提供液压动力。提供液压动力，对液压系统 A 或者 B 加压；		
11. 按压 CDU 键盘的 INIT REF 键；		
12. 按压每个选项相邻的行选键（LSK）；		
★注：在 BITE 测试期间如 CONTINUE 显示，则在按压靠近 CONTINUE 的 LKS 之前执行显示在 CDU 显示器上的指令。如有必要，使用 NEXT PAGE 或者 PREV PAGE 键换页。		
13. 选择 CONTINUE 进入测试 51.02；		
★注：忽略测试 51.01 保持安定面设定值 11.6 配平单位，且马赫数配平作动筒在归零位置。		
14. 对于测试 51.02~51.03，确保 A 侧和 B 侧的值在 CDU 显示器显示的限制范围内。这将确保马赫数配平作动筒处于零值；		
★注：对于测试 51.02 和 51.03，没有 B 侧的值。		
15. 轻轻摇动操纵杆使系统居中；		
16. 选择 CONTINUE 进入屏幕 51.05；		
★注：使用屏幕 51.05CDU 显示器监控升降舵中立位移传感器的调节。使用下文所示的值和限制。忽略屏幕显示的限制。		
17. 调整升降舵中立位移传感器		

（左侧合并单元格：检查与测试）

任务实施	工作者	检查者
检查与测试 18. 设定 *B* 尺寸。将 *B* 尺寸设定到（39.89±0.01）in（（1 013.21±0.25）mm）； ★**注：在安定面配平蜗杆上的上部和下部万向接头销中心之间测得尺寸 *B*。** ★**警告：如果使用操纵轮的安定面配平电门，远离控制台的安定面配平机轮。安定面配平电门会使配平机轮旋转过快。旋转时接触它，会使人员受伤。** 19. 拆卸微调螺帽上的保险丝，转动微调螺帽直到其值达到（-1.72±0.05）V 交流电； 20. 设定 *B* 尺寸。将 *B* 尺寸设定到（29.00±0.01）in（（736.6±0.25）mm）； 21. 拧松支架上的螺栓［1］直到旋转升降舵中立位移传感器，将升降舵中立位移传感器以顺时针和逆时针方向慢慢转动直到其值达到（0±0.10）V 交流电； 22. 拧紧支架上的螺栓［1］，力矩为 8～12 lb·in（0.9～1.4 N·m）。电表读数仍为（0±0.10）V 交流电； 23. 将 *B* 尺寸设定到（39.89±0.01）in（（1 013.21±0.25）mm），使用杠规脚来测量 *B* 尺寸； 24. 将保险丝安装在微调螺帽上，监控屏幕 51.05 上的电压以确保数值保持在（-1.72±0.05）V AC； 25. 重新运行 ELEV RIG 测试直到完成； 26. 使飞机恢复到初始状态		
结束工作 清点、检查、维护工具和耗材，清扫和整理现场		

工单标题	襟翼位置传感器维护与测试		工单编号	7-3-1
工作区域			任务日期	
任务	27-58-01-000-801 27-58-01-400-801		工时	
任务描述	对照任务清单按要求进行工具的清点和检查，正确进行襟翼位置传感器的拆装与测试，能够正确检查襟翼位置传感器			
注意事项	1. 严格遵守操作规程； 2. 注意安全，严禁违规作业			
参考资料	24-22-00-860-811		提供电源	
	27-51-00-440-801		后缘襟翼系统再激活	
	27-51-00-710-801		后缘襟翼系统操作测试	
	29-11-00-860-801		液压系统 A 或 B 增压	
	29-11-00-860-805		液压系统 A 或 B 液压源去除	
	SWPM 20-60-03		电插头特别保护	
	27-51-00-040-801		后缘襟翼系统解除	
	27-51-00-860-803		展开后缘襟翼	
	27-51-00-980-801		后缘襟翼系统人工操作	
	27-62-00-800-801		减速板液压系统 A 和 B 增压	
	27-62-00-800-802		从减速板液压系统 A 和 B 释放压力	
位置区域	左机翼：1 号整流罩襟翼支架			
	右机翼：8 号整流罩襟翼支架			

类别	名称	数量	单位	工作者	检查者
工具	标准工装夹具	1	套		
	力矩扳手	1	件		
耗材	防腐剂材料——非干性树脂混合	1	盒		
	滑脂	1	盒		
	化合物——防腐剂，内部涂敷 D-5026NS 或 ZC-026	1	盒		

任务实施		工作者	检查者
准备拆卸	1. 将后缘襟翼伸展到 40 单位的位置，伸出它们，展开后缘襟翼； 　2. 将减速板液压系统 A 和 B 增压； 　3. 将 SPOILER A 和 B 电门放在 OFF 位以释放飞行扰流板中的液压动力； **★注：SPOILER A 和 B 电门处于飞行操纵面板上。** 　4. 将减速板控制手柄放到 UP 位置提起扰流板； 　5. 从减速板液压系统 A 和 B 系统释放压力； 　6. 后缘襟翼系统解除		
拆卸	1. 断开机长电气系统面板（P18-1）、F/O 电气系统面板（P6-1，P6-2）跳开关并挂上安全标签； 　2. 对于右侧襟翼位置传感器［2］，断开机长电气系统面板（P18-2）、F/O 电气系统面板（P6-2）跳开关并挂上安全标签； 　3. 手动伸出后缘襟翼，直到滚珠丝杠螺帽接触 4 号传动装置或 5 号传动装置上滚珠丝杠的下止挡。手动展开襟翼和后缘襟翼系统； **★注：此处是襟翼伸出超行程停止位置。** 　4. 脱开襟翼位置传感器［2］上的电插头［1］； 　5. 拆卸螺栓和垫圈［4］和垫圈［6］的搭铁线［5］和传动装置的襟翼位置传感器［2］； 　6. 拆卸将襟翼位置传感器［2］连接到传动装置［7］的螺栓［11］和垫圈［10］； 　8. 拆卸传动装置［7］上的襟翼位置传感器［2］； 　9. 将操纵锁定机械装置安装到襟翼位置传感器［2］。 **★注：操纵锁定机械装置已安装在襟翼位置传感器［2］上。**		
准备安装	1. 拆卸襟翼位置传感器［2］上的校装锁机制； **★注：不得拆除操纵锁机械装置。操纵锁定机械装置已连接到襟翼位置传感器［2］上。** 　2. 确保滚珠丝杠螺帽触到 4 号或 5 号传动机构上的滚珠丝杠的下止挡		

续表

任务实施	工作者	检查者
安装 1. 安装襟翼位置传感器 [2]; ★注：不得转动襟翼位置传感器 [2] 的轴。当未安装时，锁定输入轴 [8]。安装襟翼位置传感器 [2] 时，该锁解开。 2. 连接电插头 [1] 前，检查该插头是否腐蚀; 3. 将电插头 [1] 连接到襟翼位置传感器 [2]; 4. 从左侧襟翼位置传感器 [2] 处取下安全标签并闭合机长电气系统面板（P18-1）、F/O 电气系统面板（P6-1，P6-2）跳开关; 5. 从右侧襟翼位置传感器 [2] 处取下安全标签并闭合机长电气系统面板（P18-2）、F/O 电气系统面板（P6-2）跳开关; 6. 后缘襟翼系统再激活		
检查与测试 1. 供电; ★警告：使人员和设备远离飞行操纵面、反推力装置和起落架。接通液压时，以上部件的突然移动会造成人员伤害和设备损坏。 2. 向系统 B 提供液压动力，给液压系统 A 或 B 增压; 3. 将襟翼操纵手柄调至 UP 位置以收起后缘襟翼; 4. 确保在襟翼位置指示器上的指针位于 UP 白区内; 5. 后缘襟翼系统操作测试; 6. 撤除系统 B 的液压动力，撤除液压系统 A 或 B 动力，测试结束		
结束工作	清点、检查、维护工具和耗材，清扫和整理现场		

工单标题	发动机加速检查动态测试		工单编号	8-1-1
工作区域			任务日期	
任务	71-00-00-700-824-F00		工时	
任务描述	对照任务清单按要求进行工具的清点和检查，正确进行发动机瞬态性能测试，能够正确进行发动机加速检查，确保发动机有正常的加速性能			
注意事项	1. 严格遵守操作规程； 2. 注意安全，严禁违规作业			
参考资料	24-22-00-860-811		接通电源	
	71-00-00-700-819-F00		停止发动机程序	
	71-00-00-800-805-F00		发动机地面安全预防措施	
	71-00-00-800-807-F00		起动发动机程序（选择）	
	73-21-00-740-803-F00		EEC BITE TEST——最近故障	
	FIM 73-05 任务 814		发动机加速缓慢——故障隔离	
位置区域	左侧驾驶舱			
	右侧驾驶舱			
	发动机 1-发动机			
	发动机 2-发动机			
类别	名称	数量	单位	工作者	检查者
工具	酒精温度计	1	件		
	发动机标准工装夹具	1	套		
	秒表计时器	1	件		
	力矩扳手	1	套		
	虎口钳	1	件		
	油脂——传导性——Brisal OX	1	盒		
任务实施				工作者	检查者
准备测试	★警告：不得将飞机上的总温度指示用于环境气温，这会避免配平目标选择错误。 ★警告：不得将水银温度计放在飞机上。水银（来自破裂的温度计）可能会损坏飞机部件				

任务实施		工作者	检查者
准备测试	1. 使用温度计测量前起落架舱阴影区域内的周围空气温度（OAT）。在数据表上记录 OAT； 2. 使用 OAT，以得到 N1 目标速度和 N2 起动点； 3. 接通电源； 4. 起动发动机程序（选择）； 5. 确保顶板 P5 上的适用电门处在 OFF 位； 6. 确保头顶板 P5 上的 PROBE HEAT A 或 B 电门在 ON 的位置； ★注：对于在高功率下运转的发动机，如任一全静压探头没有加热，则 EEC 可进入备用模式操作。 7. 监控所有发动机参数		
测试	1. 对 N1 和 N2 速度进行加速检查，则使用秒表，并进行推力杆移动； 2. 将适用的前侧推力杆慢慢地移动到 5% N1 速度，超过从 MPA 测试表中得到的 N1 目标速度（70% N1）； 3. 用一条胶带或铅笔标记推力杆位置（操纵台）； 4. 减速，将适用的前侧推力杆慢慢移回 N2 起始点±0.3%； 5. 当发动机参数稳定时，使用推力杆迅速移动到有标记的位置； 6. 在开始推力杆移动时启动秒表； 7. 当 N1 在 N1 MPA 目标速度时（不到目标+5%），停止秒表； 8. 使用适用的推力手柄慢慢移回慢车位； 9. 在数据表上记录加速时间； 10. 如在海平面以上进行测试，则每 1 000 ft 高度从已记录的加速时间减去 0.25 s； 11. 确保调整的加速时间低于 6.3 s； 12. 如调整的加速时间不在范围内，发动机加速缓慢–故障隔离； 13. 当加速检查完成时，停止发动机程序（正常发动机停机）； 14. 进行 EEC BITE TEST——最近故障分析； 15. 测试结束		
结束工作	清点、检查、维护工具和耗材，清扫和整理现场		

工单标题	发动机功率保证检查动态测试		工单编号	8-2-1
工作区域			任务日期	
任务	71-00-00-700-813-F00		工时	
任务描述	对照任务清单按要求进行工具的清点和检查，正确进行发动机瞬态性能测试，能够正确进行发动机功率检查，确保发动机有可靠的性能参数分析			
注意事项	1. 严格遵守操作规程； 2. 注意安全，严禁违规作业			
参考资料	24-22-00-860-811		接通电源	
	71-00-00-700-819-F00		停止发动机程序	
	71-00-00-800-805-F00		发动机地面安全预防措施	
	71-00-00-800-807-F00		起动发动机程序（选择）	
	73-21-00-700-808-F00		IDENT/CONFIG	
	73-21-00-740-803-F00		EEC BITE 测试——当前故障	
位置区域	左侧驾驶舱			
	右侧驾驶舱			
	发动机 1-发动机			
	发动机 2-发动机			

类别	名称	数量	单位	工作者	检查者
工具	酒精温度计	1	件		
	发动机标准工装夹具	1	套		
	秒表计时器	1	件		
	力矩扳手	1	套		
	虎口钳	1	件		
	油脂——传导性——Brisal OX	1	盒		

任务实施		工作者	检查者
准备测试	★警告：不得将飞机上的总温度指示用于环境气温，这会避免配平目标选择错误。 ★警告：不得将水银温度计放在飞机上。水银（来自破裂的温度计）可能会损坏飞机部件		

任务实施		工作者	检查者
准备测试	1. 使用温度计测量前起落架舱阴影区域内的 OAT，在数据表上记录 OAT； 2. 使用 OAT，以得到 N1 目标速度和相应发动机型号的最大 EGT、最大%N2、推力等级； 3. 接通电源； 4. 起动发动机程序（选择）； 5. 确保顶板，P5 上的适用电门处在 OFF 位； 6. 确保头顶板 P5 上的 PROBE HEAT A 或 B 电门在 ON 的位置； ★注：对于在高功率下运转的发动机，如任一全静压探头没有加热，则 EEC 可进入备用模式操作。 7. 监控所有发动机参数		
测试	1. 将适用的前推力杆慢慢移动到 N 目标速度，以获得适用的 MPA 功率水平 65%、70%或 75%； 2. 让发动机以该功率保证目标保持稳定最少 3 min； 3. 从数据表上的功率保证目标记录%N1、%N2 和 EGT 参数； 4. 将相应前推力杆慢慢移动到慢车功率位； 5. 如果测试令人满意，则可以进行以下步骤之一： ①以较高 N1 速度再次进行上述检查； ②停止发动机程序（发动机正常停机）。 6. 如果测试不符合要求，则以较高 N1 速度再次进行以上检查； 7. 如果 N1 目标和 N1 记录之间有差别，则： ①调整 N2 和 EGT 指示； ②调整有关高度的 EGT 极限。 8. 调整有关 N1 调节器的 EGT 极限； 9. 如果 65%N1 功率保证检查不符合要求，则再次以 70%N1 进行测试； 10. 测试结束		
结束工作	清点、检查、维护工具和耗材，清扫和整理现场		

工单标题	发动机振动调查动态测试		工单编号	8-3-1
工作区域			任务日期	
任务	71-00-00-700-814-F00		工时	
任务描述	对照任务清单按要求进行工具的清点和检查,正确进行发动机振动调查测试,能够正确进行振动调查,确保发动机获得起飞功率			
注意事项	1. 严格遵守操作规程; 2. 注意安全,严禁违规作业			
参考资料	77-31-00-910-801-F00		ARINC429 数据总线图	
	71-00-00-700-819-F00		停止发动机程序	
	FIM 71-05 任务 808		发动机振动,振动高——故障隔离	
	71-00-00-800-807-F00		起动发动机程序(选择)	
位置区域	左侧电气和电子设备舱	维护盖板	电子设备检查口盖	
	发动机 1-发动机			
	发动机 2-发动机			
	右侧电气和电子设备舱			
	左侧驾驶舱			
	右侧驾驶舱			
类别	名称	数量	单位	工作者	检查者
工具	酒精温度计	1	件		
	测试盒,AVM	1	套		
	发动机标准工装夹具	1	套		
	秒表计时器	1	件		
	分析器——数据总线	1	套		
	便携式发动机平衡系统	1	套		
	Scotch Flatback 遮蔽胶带 250	1	盒		
任务实施				工作者	检查者
准备测试	★警告:不得将飞机上的总温度指示用于环境气温。这会避免配平目标选择错误。 ★警告:不得将水银温度计放在飞机上。水银(来自破裂的温度计)可能会损坏飞机部件				

任务实施	工作者	检查者
准备测试	1. 对前起落架，记录轮舱遮光处的气温（外界大气温度）； 2. 记录环境压力； 3. 使用 OAT，以查明 N1 起飞（TO）速度； 4. 将 OAT 输入到 FMC N1 限制页上； 5. 输入数字之前输入斜线号（/）； 6. 选择 TO 或者如果存在的话交替地选择 TO-B； 7. 找出 FMC 起飞参考页上 N1 速度并记录在数据图表上； 8. 确保推力模式显示器显示为 TO； 9. 确保 N1 设定控制的外旋钮在 P2 面板的 AUTO 位置； 10. 确保基准 N1 Bug 与 N1 起飞速度相符； 11. 打开维护盖板； 12. 将盒子连接到 AVM 信号调节器前面板； 13. 将盒子放在外侧和驾驶舱下方； 14. 将分析器放在驾驶舱内； 15. 打开右侧驾驶舱风挡并将盒子放在驾驶舱内； 16. 使用 Scotch Flatback 遮蔽胶带 250 将电缆临时连接到飞机侧面； 17. 将分析器连接到盒； 18. 对于备用分析器可使用便携式发动机配平系统； 19. 要安装此分析器，则参见任务，测试 14C-风扇配平（分析器程序）； 20. 如测试目的是获得有关机上风扇配平的振动数据，确保发动机上的已装配；符合 AVM 测试 14B——风扇配平（机上程序——振动计 AVM S360N021-113, S360N021-114 和通用 AVM S362A001-1）；		
测试	1. 起动发动机程序（选择）； 2. 将前推力杆（在不少于 20 s 的时间内）慢慢移动到 80±2% N1 位置； 3. 移动前推力杆（不少于 20 s）到 50±2% N1 位置； 4. 将前侧推力杆移到慢车位置；		

续表

任务实施	工作者	检查者
5. 发动机进行 2 min 加速，从最小慢车位到起飞功率（TOP）N1 速度； ①确保加速减慢，暂停在低风扇速度处； a. 如该测试将获得不平衡状态数据，则用 TOP 速度对当前状况使用交替加速程序； ★**警告：在当前状况下不得超过起飞功率速度，否则会发生发动机损坏。** b. 在适用的风扇速度 1%N1 下暂停 1~2 min，不得使风扇速度超出 TOP 速度。 ★**注：N1 和振动级至少必须稳定 30 s 以截获数据。N1 稳定在 1%内且振动稳定小于 0.1 个单位。** ②在加速期间，监控适用发动机振动指示； ③记录发生最大振动时（如果一次以上）的%N1 和%N2； ④让发动机以 TOP 速度保持稳定至少 15 s。 6. 发动机进行 2 min 减速，从最高速度到最小慢车位： ①在减速期间，监控适用发动机振动指示； ②记录所有发生最大振动时（如果多于一次）的 N1%和 N2%； ③让发动机以慢车速度保持稳定至少 15 s。 7. 进行以下步骤以查明振动源： ①移动适用发动机的前推力杆，以达到产生第一次最大振动指示的速度的位置； 让发动机以该速度保持稳定 2 min。 ②使用分析器首先记录 1 号轴承振动传感器的振动指示数据，然后记录 FFCC 振动传感器中的振动指示数据； ③如装有的话，用便携式发动机平衡系统 COM-3932 首先找出并记录 1 号轴承振动传感器中的振动指示数据，然后找出并记录 FFCC 振动传感器中的振动指示数据。 8. 在发动机加速期间，对发现的所有高振动点（如有一个以上）再次做上述步骤		

测试

任务实施	工作者	检查者
测试	9. 将前侧推力杆慢慢地移到慢车位置； 10. 停止发动机程序（正常发动机停机）； 11. 如测试目的是获得有关机上风扇配平的振动数据，则观察飞行历史数据测试 14B-风扇配平（机上程序-振动计 AVM S360N021-113、S360N021-114 和通用 AVM S362A001-1）； 12. 如在发动机噪声或隆隆声下，风扇和低压涡轮转子 N1 的振动指示超过 4.0 个单位或小于 4.0 个单位，则对发动机高度振动进行故障隔离程序； 13. 如高压压气机和涡轮 N2 的振动指示超过 4.0 个单位，则对发动机高度振动进行故障隔离程序； 14. 将飞机恢复到其常规状态		
结束工作	清点、检查、维护工具和耗材，清扫和整理现场		

工单标题	航空测试技术知识总结与巩固	工单编号		9-1-1
工作区域		任务日期		
任务	本课程的知识巩固	工时		
任务描述	归纳总结本课程学习的理论知识及实操任务，正确填写表中的任务，通过小组互答、教师解答，能够全面牢固掌握航空测试技术知识			
注意事项	1. 列写未掌握知识点，要全面； 2. 互答和讲解要认真			
参考资料	/	航空测试技术教材		
	/	教材中所列参考文献		
	/	航空测试技术其他相关技术资料		

类别	名称	数量	单位	工作者	检查者
工具	计算机	1	台		
	所有技术资料	1	套		
	英文翻译软件	1	个		
	PDF 阅读器	1	个		
耗材	水性笔	1	支		
	笔记本	1	个		

任务实施		工作者	检查者
准备查询	1. 打开计算机； 2. 打开相关技术资料； 3. 打开英文翻译软件		
列出本课程学习中未掌握的知识点	1. 2. 3. …		

小组互答	小组成员互相交叉回答和讲解其他同学所列未掌握的知识点		
教师解答	整理学员的任务工单，归纳共性问题和个性问题，针对性地解答，帮助学员全面掌握本课程所学知识		
拓展任务	1. 后期如何复习和巩固本课程学习的知识？ 2. 对本课程的建议。		
结束工作	关闭所有文件页面和软件，关闭计算机，清扫和整理现场